水文地质勘查与环境工程

白玉娟　陈　彦　谢文欣◎主　编

U0304628

吉林科学技术出版社

图书在版编目（CIP）数据

水文地质勘查与环境工程 / 白玉娟 , 陈彦 , 谢文欣
主编 . -- 长春 : 吉林科学技术出版社 , 2022.5
ISBN 978-7-5578-9282-1

Ⅰ . ①水… Ⅱ . ①白… ②陈… ③谢… Ⅲ . ①水文地
质勘探②水环境－环境工程 Ⅳ . ① P641.72 ② X143

中国版本图书馆 CIP 数据核字 (2022) 第 072879 号

水文地质勘查与环境工程

主　　编　白玉娟　陈　彦　谢文欣
出 版 人　宛　霞
责任编辑　李玉铃
封面设计　梁　凉
制　　版　梁　凉
幅面尺寸　170mm×240mm　　1/16
字　　数　130 千字
页　　数　122
印　　张　7.75
印　　数　1-1500 册
版　　次　2022 年 5 月第 1 版
印　　次　2023 年 3 月第 1 次印刷

出　　版　吉林科学技术出版社
发　　行　吉林科学技术出版社
地　　址　长春市净月区福祉大路 5788 号
邮　　编　130118
发行部电话 / 传真　0431-81629529　81629530　81629531
　　　　　　　　　　81629532　81629533　81629534
储运部电话　0431-86059116
编辑部电话　0431-81629518
印　　刷　三河市嵩川印刷有限公司

书　　号　ISBN 978-7-5578-9282-1
定　　价　48.00 元

版权所有　翻印必究　举报电话：0431-81629508

编委会

主　编　白玉娟　陈　彦　谢文欣

副主编　强科梁　余　杰　曲志超

　　　　戴岩柯　张复金　唐颖倩

　　　　阿丽玛

前 言

Preface

水文地质勘查是一门集理论科学性、生产实践性、研究应用性于一身的综合性技术，理论、实践与技术相结合是它的一大特色。水文地质学主要研究地下水在自然环境与人类活动影响下，数量和质量在时间和空间的变化与演变规律；并在此基础上，研究如何应用这一规律，有效地利用和调节控制地下水，以兴利防害，为人类造福。因此，水文地质勘查及与其相关的矿山水文地质勘查研究就显得尤为重要，我们应当加强并重视该方向的研究。

我国是世界上地质灾害比较严重、受威胁人口较多的国家之一，地质条件复杂，构造活动频繁，滑坡、崩塌、泥石流、地面沉降、地面塌陷、地裂缝等地质灾害隐患多、分布广，且隐蔽性、突发性和破坏性强，防范难度大。特别是近年来受极端天气、地震、工程建设等因素影响，地质灾害多发、频发，给生产建设和人民群众生命财产造成严重损失。地质灾害与环境发展息息相关，地质灾害也对环境产生不利影响。

本书首先介绍了水文地质勘查的基本知识；然后详细阐述了矿山水文与地质勘查、环境同位素，最后介绍了地质灾害调查评价与防治等内容，以适应水文地质勘查与环境工程的发展现状和趋势。

由于作者水平有限，书中难免有不当之处，敬请广大读者批评、指正。

目 录

Contents

第一章　水文地质勘查阶段

第一节　水文地质勘查阶段划分的必要性

水文地质勘查一般都是分阶段进行的，其原因主要如下。

（1）水文地质勘查是为工程建设项目设计服务的，而项目的设计工作一般都是分阶段进行的，不同设计阶段所需水文地质资料的内容和精度也有不同的要求。为满足设计的需要，水文地质勘查工作亦应划分为相应的阶段来进行，以防止所提供的水文地质资料出现不符合各设计阶段需要的情况。

（2）勘查工作之所以分为不同的阶段，是人们由浅入深正确认识事物规律在水文地质勘查工作中的反映。将其分为不同的勘查阶段，可以防止我们对勘查区水文地质条件认识上的疏忽、遗漏或片面性；可以使整个勘查工作逐渐深入地进行，从而就可以避免在工作中犯重大的、全局性的错误。

例如，某工厂的供水工程，由于未进行工程前期论证（或规划设计）阶段和普查阶段的勘查工作，没有提出不同水源地的方案并进行比较，仅在工厂附近几平方千米的小范围内进行详查阶段的水文地质勘查工作，结果投资上百万元，打了 20 多个钻孔，只有一个产水量为 800m³/d 的钻孔可供开采，远远满足不了工厂 3000m³/d 的需水量要求，不得不另选新区进行勘查工作。

第二节 水文地质勘查阶段的划分及各阶段的任务与要求

在进行水文地质勘查工作时，首先要明确的是水文地质勘查阶段的划分，即要搞清楚在从事哪一个阶段的水文地质勘查工作及该阶段的任务与要求。我国不同种类、不同行业部门的水文地质勘查工作，其阶段的划分、名称及各阶段的任务与要求等一般是各不相同的，具体要根据各类水文地质勘查规范来确定。

例如，我国供水水文地质勘查、天然矿泉水地质勘探、矿区水文地质工程地质勘探、地下水资源勘查等不同种类的水文地质勘查工作，其阶段划分、名称及各阶段的任务与要求就不完全相同，见表 1-1 所示。

综上所述，可将水文地质勘查分为普查、详查（初勘）、勘探（详勘）和开采四个阶段，具体各阶段的一般任务和要求如下。

（1）普查阶段。水文地质普查阶段是一项区域性的、小比例尺的水文地质勘查工作，是为经济建设规划提供水文地质资料而进行的区域性综合水文地质调查工作。通常进行水文地质测绘工作，其比例尺的选择应根据国民经济建设的要求和水文地质条件的复杂程度来确定，一般为1:25万~1:10万，通常选用1:20万。若进行地下水允许开采量E级精度评价时宜选用1:100万~1:20万；在严重缺水或工农业集中发展地区也可采用1:10万。其主要任务是查明区域性的水文地质条件及其变化规律，查明区域地下水形成的初步规律，提供区域水文地质资料，并概括地对区域地下水量和开发远景作出评价；具体要求是初步查明区域内各类含水层的形成和赋存条件、地下水的类型和分布规律、地下水的补给、径流和排泄，地下水的水质、水量等，为国民经济远景规划和水文地质勘察设计提供依据。

表1-1　不同种类水文地质勘查的阶段划分及各阶段的任务与要求

供水水文地质勘查		天然矿泉水地质勘查		矿区水文地质工程地质勘		地下水资源勘查	
阶段	任务与要求	阶段	任务与要求	阶段	任务与要求	阶段	任务与要求
普查	概略评价区域或需水地区的水文地质条件，提出有无满足设计所需地下水水量可能性的资料；推断的可能富水地段的地下水允许开采量应满足D级的精度要求，为设计前期的城镇规划、建设项目的总体设计或厂址选择提供依据	普查	从地质—水文地质角度研究水源地与地层、地质构造、近代地下流体引起的蚀变，沉淀析出物等在空间位置上的联系及其对水源地富水性的影响；研究矿泉水组分与岩石化学成分，矿物成分间可能存在的联系；研究矿泉水系统形成的区域水文地质条件；对水源地进行调查，查明矿泉水出露地的水文地质结构和卫生保护条件并对可能的污染源、必需的卫生保护作出评价	为详查工作提供依据	结合矿产普查进行，对于已进行过区域水文地质工程地质普查的地区，其资料可直接利用或只进行有针对性的补充调查，大致查明工作区的水文地质工程地质和环境地质条件	普查	应调查区域或地下水资源评价区的地质条件和地下水资源分布状况；为进行地下水资源粗略评价及地下水取水规划提供依据时，地下水允许开采量应满足E级精度要求；为地下水资源概略评价及工程规划、立项水资源论证和地下水取水预申请提供依据时，地下水允许开采量应满足D级精度要求
详查	应在几个可能的富水地段基本查明水文地质条件，初步评价地下水资源，进行水源地方案比较；控制的地下水允许开采量应满足C级精度的要求，为水源地初步设计提供依据	详查		为勘探及建设立项提供依据	详查	基本查明矿区的水文地质工程地质和环境地质条件，为矿床初步技术经济评价、矿山总体建设规划和矿区勘探设计提供依据	详查	应初步查明评价区或地下水水源区的水文地质条件和地下水水资源量，为地下水资源评价、工程立项或可行性研究水资源论证以及地下取水申请提供依据；地下水允许开采量评价应满足C级精度要求

供水水文地质勘查		天然矿泉水地质勘查		矿区水文地质工程地质勘		地下水资源勘查	
阶段	任务与要求	阶段	任务与要求	阶段	任务与要求	阶段	任务与要求
勘探	查明拟建水源地范围内的水文地质条件，进一步评价地下水资源，提出合理的开采方案；探明的地下水允许开采量应满足 B 级精度的要求，为水源地施工图设计提供依据	勘探	是在已确定立项开发的矿泉水水源地进行工作。应详细查明矿泉水形成的地质—水文地质条件，确定矿泉水生产井的位置及卫生保护区边界，取得不少于一年的水质、水量、水位、水温连续观测资料，在动态观测或生产性抽水资料的基础上计算评价矿泉水允许开采量，其精度一般应满足 B 级要求，提出技术经济最佳开采方案，并对可能提供二期开发的远景区做出初步论证和评价；为水源地建设可行性研究和设计提供依据	勘探	详细查明矿区水文地质工程地质条件，评价地质环境，为矿床的技术经济评价及矿山建设可行性研究和设计提供依据	勘探	应查明评价区或地下水水源地的水文地质条件和地下水资源量，提出开采方案，并预测开采后地下水资源的变化趋势及可能产生的环境地质问题，为地下水资源评价、开采、利用、管理和保护以及水源地设计提供依据；地下水允许开采量评价应满足 B 级精度要求
开采	查明水源地扩大开采的可能性，或研究水量减少、水质恶化和不良环境工程地质现象等发生的原因；在开采动态或专门试验研究的基础上，验证的地下水允许开采量应满足 A 级精度的要求，为合理开采和保护地下水资源，为水源地的改、扩建设计提供依据	开采	对适于井采的矿泉水水源地应进行钻孔抽水试验，计算矿泉水含水岩层的渗透性等参数，确定井（孔）涌水量并研究长期开采后出现越流补给影响矿泉水水质的可能性；对泉（孔）及其周围地表水体应布置动态观测点，观测矿泉水的水质、水量、水位、水温动态，确定其在枯、丰、平水期的动态特征，研究各类水体与矿泉水之间的联系	开采	/	开采	应结合地下水的开采运行，检验前期勘查成果，分析论证出现的水文地质和环境地质问题，为完善地下水资源的开采、管理，调整地下水年度开采计划和可开采总量，以及地下水水源地的改、扩建提供依据；地下水允许开采量评价应满足 A 级精度要求

（2）详查（初勘）阶段。水文地质详查阶段是在水文地质普查的基础上，为国民经济建设部门提供所需的水文地质依据而进行的水文地质勘查工作或是为某项生产任务而进行的专门性水文地质勘查工作，如为城镇或工矿企业供水、为农田灌溉供水、为矿山开采等进行水文地质调查。多采用 1：10 万～1：5 万的大中比例尺。本阶段的任务是较确切地查明地质条件和地下水形成的条件，赋存特征，初步评价地下水资源，进行水源地方案比较，初步圈定供水开采地段（或重点排水地段），预测水量、水质和水位变化，提出合理的开发措施，为供（排）水初步设计或布置勘探工作提供依据。

（3）勘探（详勘）阶段。水文地质勘探阶段是在详查圈定的地段上，对水文地质条件进行进一步勘查和研究，为提出合理的开采方案和为技术（施工）设计提供依据进行的水文地质勘查工作。采用的比例尺通常是 1：5 万～1：2.5 万。该阶段的任务是精确地查明勘查区的水文地质条件，对含水层的水文地质参数、地下水动态的变化规律、各种供水的水质标准以及开采后井的数量和布局提出切实可靠的数据，对水质、水量作出精确的全面评价，并预测将来开采后可能出现的水文地质问题（如海水入侵、水质恶化等）和工程地质问题（如地面沉降、岩溶地区地面塌陷等）。

（4）开采阶段。水文地质开采阶段是在勘探的基础上，针对开采过程中出现的水文地质和工程地质问题进行的水文地质勘查工作。由于它带有研究的性质和地下水系统的区域性，比例尺一般应大于 1：2.5 万。其主要任务是查明水源地扩大开采的可能性，或研究水量减少、水质恶化和不良工程地质现象等发生的原因，验证地下水的允许开采量（可开采量），为合理开采和保护地下水资源，为水源地的改、扩建提供依据，在具备条件时，建立地下水资源管理模型及数据库。

在开采阶段产生的水文地质问题和工程地质问题，有的是因为在开采前从未进行过水文地质勘查工作而必然要发生的；有的则是因为以前的勘查工作精度不够高、数据不可靠、不能准确作出预测而产生的。比如，在详查阶段，由于比例尺太小，不能满足基坑排水设计的要求，就要更准确地了解勘查区的水文地质条件，进行补充勘查和实验；又如，在供水水文地质工作中，由于井距不合理导致水井间严重干扰、地下水降落漏斗不断扩大及由此引发的地面沉降、水量枯竭、水质恶化等，都属于开采阶段应该解决的水文地质问题。

第三节　水文地质勘查各阶段的勘查内容

水文地质勘查各阶段的内容是不同的。不同种类的水文地质勘查规范、标准等对各阶段的勘查内容都有明确的规定。下面以地下水资源勘查各阶段勘查内容为例进行说明。

一、普查

（1）了解区域地理、地质条件，初步分析地下水资源分布状况。

（2）了解气象条件，初步分析其对地下水形成、分布的影响。

（3）调查地表水体类型、水系分布及其流域面积、流量、水位、蒸发量等水文特性，初步分析其对地下水形成、分布的影响及动态关系。

（4）调查人类活动对地下水及地下水资源的影响。

（5）调查地形地貌特征及成因类型，调查水文地质指示植物的分布及生态特征，初步分析地下水的分布条件。

（6）调查地层的成因类型、年代、层序、厚度、分布特征、岩性组成、地层结构及其变化规律，初步分析含水层和隔水层的分布特征及地下水的分布条件，第四纪地层应调查松散沉（堆）积物的沉（堆）积环境及物质组成、结构特征，初步分析地下水的分布条件，基岩地层应调查岩石的产出条件，岩性特征、空隙结构特征及矿物组成和化学成分，初步分析岩体的区域含水性和含水层的类型。

（7）调查地质构造的类型、性质、产状、规模、地层岩性及分布特征，初步分析储水构造和阻水构造的分布特征及地下水的形成、分布条件，褶皱应调查轴部和两翼的节理、裂隙发育特征，断层应调查破碎带、影响带的宽度、构造岩的性质及其导水性。

（8）岩溶区应调查可溶岩地层的埋藏条件及岩溶地貌形态特征、可溶岩性质、类型、分布规律及岩溶发育程度、发育规律，初步分析岩溶地下水的类型及埋藏、分布条件。

（9）调查泉、井等地下水露头的分布位置、成因类型、地质条件、流量（出水量）及物理化学特性，初步分析含水层、隔水层或储水构造，阻水构造的分布特征。

（10）调查地下水、地表水的水质，初步评价其适用性。

（11）提出主要水文地质参数的估计值。

（12）初步分析地下水的分布、埋藏条件、动态变化特征及补给，径流、排泄条件，初步划分地下水资源评价类型区及地下水和含水层的类型，概略评价水文地质条件和地下水资源状况，初步划分可能的富水地段。

（13）调查生态与环境恶化，地面沉降、塌陷及海水入侵等环境地质现象，初步分析其与地下水的关系。

二、初勘

（1）初步查明地表水与周围地下水的变化特征，分析两者的补排关系和形式。

（2）初步查明第四纪沉（堆）积物的厚度、成因、分布、物质组成、结构特征、透水性、富水性及地下水的埋藏、分布特征，初步分析地下的水赋存、补给、径流、排泄条件。

（3）初步查明基岩地层的年代、分布、岩性类别，结构构造，透水性、富水性及含水层、隔水层的埋藏、厚度、分布特征，初步分析地下水的赋存、补给、径流、排泄条件。

（4）初步查明褶皱、断裂等各类地质构造和构造结构面的性质、分布、规模、级别序次、组合特征及储水构造，阻水构造的埋藏、规模、分布特征，初步分析地下水的赋存、补给、径流、排泄条件。

（5）岩溶区应初步查明可溶岩的岩性、分布及岩溶发育程度、发育规律、规模、连通性，初步分析岩溶地下水的赋存、补给、径流、排泄条件，初步划分岩溶地下水系统，覆盖型、埋藏型岩溶区应初步查明上覆地层的岩性、厚度、物质组成、结构特征等。

（6）泉源水源地应初步查明泉域范围，泉的分布、类型、所在地层岩性，构造部位及流量动态，初步分析其补给、径流、出露条件。

（7）初步查明主要含水层（带）的类型、分布特征、含水特性、边界条件及各含水层之间的水力联系，初步分析地下水的赋存、富集规律。

（8）初步查明地下水动态特征。

（9）初步查明地下水水质，初步进行地下水质量评价。

（10）初步查明地下水地表水的开采、利用情况。

（11）初步确定主要水文地质参数。

（12）初步进行地下水补给量、储存量、排泄量和允许开采量计算。

（13）初步查明地下水污染状况。

（14）初步评价地下水开采可能产生的环境地质问题。

（15）初步评价水文地质条件和地下水资源状况，圈定富水地段，提出开采方案建议。

三、详勘

（1）查明地表水与周围地下水的变化特征，分析两者的转化关系和形式。

（2）查明含水层和相对隔水层的埋藏、厚度、分布特征及富水性。

（3）查明褶皱、断裂、裂隙密集带等各类储水构造的性质、规模、分布特征及其导水性、富水性。

（4）岩溶区还应查明岩溶发育程度、发育规律、规模、连通性及岩溶水文地质结构和岩溶地下水分布特征，划分岩溶地下水类型，覆盖型、埋藏型岩溶区应分析上覆地层对岩溶地下水开采利用的影响。

（5）泉源水源地应查明泉域范围及泉的类型、分布特征、出露条件和流量动态。

（6）分析、论证地下水的赋存、补给、径流、排泄条件，确定可开采含水层（带）。

（7）查明地下水的动态特征及变化规律。

（8）查明地下水水质，进行地下水质量评价。

（9）确定水文地质参数。

（10）评价计算地下水补给量、储存量、排泄量和允许开采量，并进行可靠性分析。

（11）查明地下水开采利用情况。

（12）评价水文地质条件、富水程度和地下水资源状况，圈定宜井区。

（13）提出地下水取水建筑物类型、布局及主要技术参数建议。

（14）圈定水源保护区，当地下水有污染时，应查明污染源、污染方式和污染途径病提出防治措施建议。

（15）预测评价地下水开采可能引发的环境地质问题。

（16）对于复杂的水文地质问题，宜进行专题研究。

四、开采

（1）查明水文地质条件的变化情况，分析产生的原因，评价其对开采运行的影响。

（2）进行地下水可更新能力评价。

（3）查明出现的水文地质、环境地质问题，分析产生的原因，预测评价发展变化趋势，提出防护、治理措施建议。

（4）验证地下水允许开采量，评价其对开采运行的保证性。

（5）提出开采方案的调整建议。

（6）论证扩大开采的可能性，提出地下水水源地改造、扩建的建议措施，并预测评价扩大开采后可能产生的环境影响，泉源水源地的扩大开采，应进一步论证其成因类型、补给条件及泉域范围。

（7）对前期勘查工作的布置、方法及计算模型和评价结论进行基本评价。

第四节　水文地质勘查阶段的简化

水文地质勘查阶段一般分为上述四个阶段，但对某个具体的勘查项目应划分为几个勘查阶段，应根据当地水文地质条件的复杂程度、工程建设项目的规模和重要性及已有的水文地质研究程度等具体确定，适当条件下可以简化。

（1）地下水资源勘查时，水文地质条件简单，已有资料较多或中小型地下水水源地，勘查阶段可适当合并，但合并后的勘查工作量、勘查方法和工作布置应满足高阶段的要求。

（2）已有 1 ：20 万或 1 ：10 万比例尺的区域水文地质调查成果或者供水工程项目规模较小，可不进行普查阶段（或规划阶段、前期论证阶段）的工作或只进行补充性的勘查工作。

（3）如供水工程项目无不同的水源地比较方案，则可将详查和勘探合并为一个勘查阶段。

（4）需水量较小的单个厂、矿、企事业单位的供水工程项目，当水文地质条件又不是十分复杂，只需开凿两三个钻孔即可满足需水量需要时，可采用探采相结合的方式，直接进入开采阶段的调查。

第二章　矿山水文地质调查

第一节　矿山水文地质调查内容

一、矿山地质概述

矿山地质，一般是指矿床经过勘探之后，在矿山基建和矿山生产过程中，在已建或拟建矿山范围内，为保证矿山基建与生产工作的顺利进行而对矿床所进行的一系列地质工作的总称。即从矿山建设到矿山投产并进入正常生产的整个过程中，为进一步了解与掌握矿床地质条件，更深入、细致地了解矿体的特点，分布、变化规律以及矿石的质量和储量，预测可能发生的地质变化、地质灾害预报及预防等问题展开的地质工作。

矿山地质按其工作性质和任务的不同，可分为基建地质、生产地质、闭坑地质和矿区深部、边部（有时还包括矿区外围）隐伏矿体的勘查四个组成部分。可见，矿山地质既是矿产勘查在生产条件下的继续与深化，又是矿山生产的重要组成部分，它贯穿于矿产资源开发的始终，是矿床开采中的基础工作之一，对矿山生产的安全、合理有序进行和持续发展具有重要意义。

矿山地质工作的主要任务是：为矿山设计、建矿、采掘进度计划编制，工程施工等提供可靠的地质资料；参与生产技术的管理工作，如储量计算、矿石质量，矿石损失贫化等管理工作；开展专门的性地质调查等。

（一）矿山开发程序及矿山地质工作的作用

一个矿山的开发，一般分为四个阶段，即设计前期阶段、设计阶段、建设阶段及生产阶段。一般后两个阶段中的地质工作属矿山地质工作。

1.矿山设计前期阶段

本阶段主要进行普查找矿和矿床地质勘探工作。这些工作一般由专业地质队伍进行，不属于矿山地质工作范畴，但生产矿区周围的找矿勘探工作，有时也由矿山地质部门承担。

2.矿山设计阶段

本阶段的主要工作为：

（1）在可行性研究报告和设计任务书批准并取得采矿许可证后，编制初步设计。

（2）根据初步设计和技术设计编制施工图。

以上工作中的地质工作主要是配合采矿、矿石加工和技术经济专业，核查矿床勘探资料；根据地质勘探资料和设计工作要求，编制设计地段的地质图件，并计算储量等。

这些地质工作一般由矿山设计部门中的地质科室进行，但是如果矿山扩建设计由矿山设计部门自己承担，这些地质工作也由矿山地质部门进行。

3.矿山建设阶段

本阶段的主要工作为：根据施工图进行施工准备和组织施工；订购并安装设备；进行试生产、验收和交付生产。

本阶段的地质工作主要是配合施工的进行，开展各项工程中的地质工作。对于地质条件复杂的矿山，要组织基建勘探，提高设计开采区段的勘探程度和储量级别，为保证基建质量和顺利投产奠定地质基础。此外，本阶段还要进行许多矿山投产的地质准备工作，如制定有关投产后地质工作的规章制度等。

本阶段及以后的地质工作均属矿山地质范畴。

4.矿山生产阶段

当矿山投入生产后，要开展更大量的矿山地质工作。一方面要为生产提供更准确、更可靠的地质资料，包括矿石储量及规模、产状，内部结构、矿体赋存因素等资料；另一方面要保证和监督矿产资源充分合理地开发利用。

（二）矿山地质工作的原则

1. 继承与发展相结合的原则

矿山地质工作是地质勘探工作的继续和深化，具有继承和发展两重性，因此，在工作中应注意分析、研究和充分利用已有的工作成果。为了便于继承利用已有的地质资料，应尽可能地在原有勘探工程布置系统及勘探网度的基础上，布置和加密生产勘探工程，提高对矿体和地质构造的控制程度和研究程度，提高储量级别和深化对矿床成因、成矿规律等方面的认识。

2. 地质与生产密切结合的原则

矿山地质工作所依据的基础是原始地质勘探工作的成果，它较之地质勘探更直接用于生产并受生产结果的检验，因此，必须注意与生产密切结合，特别应注意时空与内容要求上的结合。在时间上，矿山地质工作必须适当超前生产，及时为生产提供地质资料和相应的高级储量；在空间上必须与生产工程的进度密切结合，及时按工序要求进行相应的地质工作和为生产准备矿量提供相应级别的储量及地质资料；在资料内容方面，必须紧密结合生产，以满足生产需要为主要目的。

3. 技术与管理相结合的原则

矿山地质工作同时具有技术服务和技术管理的职能。其工作内容除了大量技术工作之外，还要参与生产管理，这是矿山地质工作有别于其他地质工作的特点。矿山地质工作部门，一方面，利用其全部工作成果为生产服务；另一方面，又利用所掌握的技术手段和对矿床地质条件的全面认识参与生产管理，根据生产管理的需要又反过来进一步补充和改进技术工作的内容和方法。

4. 统一性与灵活性相结合的原则

同一矿区的矿山地质工作，一般应坚持严格的统一性，如图纸规格、比例尺，图例、岩矿石的命名、生产勘探的布置原则及网度等应有统一的要求。而在局部地区，由于地质情况的差异，又应有一定的灵活性，如地质条件复杂的矿床，局部地段往往有较大变化，则应因地制宜地采用不同的工程布置，网度、工程手段及工作方法。亦即矿山地质工作既要有全局的统一性，又要注意局部的灵活性。

5. 技术与经济相结合的原则

地质技术与经济分析相结合是矿山地质工作较之其他地质工作更为突出的一

个重要方面。矿山企业的经济属性决定了直接为矿山实物生产服务的矿山地质工作必须立足于矿山现有的资源和生产技术条件，既保证矿山生产的经济性，又尽可能充分合理地利用已查明的矿产资源。例如，矿山技术指标的优化、合理生产勘探网度，探采结合，取样方法及规格的确定、矿石伴生有益组分的合理回收利用等，均属地质技术经济范畴的研究工作，相关的研究结果表明，此类工作可以显著地提高矿山企业的经济效益和资源回收效益。

6. 实践与认识密切结合的原则

实践与认识密切结合是地质工作各阶段均必须遵循的原则，但在矿山地质工作阶段有着更深刻的意义。矿山地质工作既立足于地质勘探的成果，又是在其"认识"的指导下进行的，从这个意义上讲，后者是前者的实践（认识到实践）。矿山地质工作的成果（认识）又是其前一阶段（地质勘探）的深化和提高（实践到认识），而矿山地质工作本身所经历的基建勘探、生产勘探和生产中的开拓、采准、回采的多次生产地质工作又是实践—认识—再实践—再认识的多次循环，其成果（认识）一次比一次更深刻。与此同时，全部地质工作成果（认识）又受采矿实践的检验，直到开采结束，提出闭坑（矿）地质总结报告。因此，整个过程是矿山地质由实践到认识、再实践再认识的飞跃过程，它具有双重意义。一是对丰富、完善和提高地质认识的理论意义，二是直接服务和指导生产的实用意义。

二、矿山水文地质分类

为了有针对性地做好矿井水文地质条件的评价工作，根据受采掘破坏或影响的含水层性质、富水性及补给条件，单井年平均涌水量和最大涌水量、开采受水害影响程度和防治水工作难易程度等影响指标，把矿井水文地质划分为简单、中等、复杂、极复杂四个类型。

表2—1 煤矿矿井水文地质类型表

类型分类依据	水文地质简单	水文地质中等	水文地质复杂	水文地质极复杂
受采掘破坏或影响的含水层含水层性质及补给条件	受采掘破坏或影响的孔裂隙、溶隙含水层补给条件差，补给水源少或极少，如： （1）露头区被黏土类土层覆盖； （2）被断层切割封闭； （3）地表泄水条件良好； （4）属于深部井； （5）在当地侵蚀基准面上开采； （6）属高原山地背斜地形，煤层底部灰岩无出露； （7）煤层距顶底板上下富含水层距离很大	受采掘破坏或影响的钻孔裂隙、溶隙含水层，补给条件一般，一定的补给水源	受采掘破坏或影响的主要灰岩溶隙—孔洞含水层，厚层砂砾石含水层（煤层直接顶底板为含水砂层），其补给条件好，补给水源充沛	受采掘破坏或影响的岩溶含水层，其补给水源极其充沛。 （1）矿井经常受煤层顶、底部直接或间接的灰岩溶洞—溶隙高压富含水层突水的威胁。 （2）灰岩露头分布范围广，河溪发育，山塘、水库多。 （3）在高原山地向斜正地形矿区灰岩岩溶特别发育，常形成暗河系统或汇水封闭洼地
开采受水害影响程度	采掘工程一般不受水害影响	采掘工程受水害影响，但不威胁矿井安全	采掘工程、矿井安全受水害威胁	矿井突水频繁，来势凶猛，含泥沙率高，采掘工程、矿井安全受水害严重威胁
防治水工作难易程度	防治水工作简单	防治水工作简单或易于进行	防治水工程量较大，难度较高，防治水的经济技术效果较差	防治水工程量大，难度高，防治水经济技术效果极差

三、矿山水文地质调查内容分类

（一）极复杂型矿山

必须按照水文地质特点和开采需要进行补充调查、勘探和专门试验，建立井上、井下水动态观测网，坚持长期观测，建全观测资料台账和历时曲线等，还应做到：

（1）高原山地向斜正地形岩溶矿区，要注重岩溶调查、暗河探测和封闭汇水洼地的水均衡工作、研究分析探放、堵截暗河水的方案与措施。

（2）石灰岩露头分布范围广、河溪发育、山塘水库多的矿区，要注重地表水体、岩溶泉与井下出水点关系的调查分析，做好探放溶洞水工作，防止重大突水的威胁。

（3）经常直接或间接受煤层顶底、部石灰岩溶洞—溶隙高压富含水层水突出威胁的矿区（井），要开展区域水文地质综合调查，研究岩溶发育规律，并采用大口径抽水、井下大型放水试验及连通试验，勘查岩溶水集中强径流带或岩溶管道带的分布。研究制订具有针对性的堵截水源、疏降等措施方案。要注重矿井突水与隔水层岩性、厚度、水压、构造及采矿等关系的研究，不断寻求突水规律。

（4）岩溶矿区要注重地面岩溶塌陷规律的调查研究，寻求防治岩溶水的途径。

（二）复杂型矿山

根据各矿的特点和开采需要，参照中等型矿山的要求进行工作。其中：

（1）开采含水（流）砂层、厚砾石层及地表河、湖等水体下煤层的矿区（井），要分析研究煤（岩）柱的隔水性能，注重观测导水裂隙带高度，研究其规律。

（2）开采煤层顶板直接为含水（流）砂层的矿井，进行开采应加强砂层水疏干和水砂分离方法的研究。

（3）山区地表渗漏水较严重的矿井，要注重渗漏调查、实测并研究制订防渗措施方案。

（三）中等型矿山

根据开采需要，进行一些单项的水文地质补充调查、勘探、试验、动态观测和正常的井下水文地质工作。

（四）简单型矿井

根据矿井的具体情况进行正常的水文地质工作。

四、地面水文地质调查

（一）气象资料

调查气温、气压、风速、风向、降水量、蒸发量及其历年月平均值和两级值等。一般情况下可以利用矿区附近的气象站资料，当离气象站 30km 以外时，应单独设站观测上述各要素。

（二）地貌

地貌的调查应与分析研究矿井水文地底子条件密切配合，着重观察描述与地下水富集有关或由地下水活动引起的地貌现象。

调查由开采和地下水活动而引起的滑坡、塌陷、人工湖等地貌变化及岩溶发育矿区的各种岩溶地貌形态，包括：

（1）平原、丘陵、山地、盆地等基本地貌单元的调查。

（2）河谷地貌与河流阶地的调查。

（3）冲沟与微地貌的调查。

（三）地质

（1）第四系地层调查。调查第四系松散覆盖层、基岩露头的时代，地层的层次、岩性、厚度、颜色、岩相、结构与构造特征、特殊夹层、各层间的接触关系、所含化石，有无古河床的存在、富水性及地下水的露头点所处的地貌部位等，划分出含水层或相对隔水层。

（2）基岩地层调查。调查基岩地层岩石名称、颜色、成分、结构和构造、产状、岩相变化、成因类型、特征标志、厚度（单层、分层和总厚）、地层年代和接触关系等，划分出基岩含水层和隔水层。

调查碎屑岩的颗粒大小、形状、成分、分选情况、胶结类型和胶结物的成分，层理层面构造和结核等。

调查泥质岩类的物质成分、结构、层面构造。

调查碳酸盐岩类的化学成分、结晶情况、特殊的结构和构造、层面特征、可溶性与岩溶现象等。

调查火成岩的成因类型、产状、规模，与围岩的接触关系原生裂隙和岩脉等。调查变质岩的成因分类、变质类型、结构、构造、片理、劈理等。

（四）含水层与隔水层

（1）调查含水层和隔水层的岩性结构特点。调查松散底层的亚砂土相对于黏

17

土是含水的，相对砂砾石层又可视为隔水层；煤系中砂岩相对页岩是含水层，相对富水的石灰岩岩溶含水层可视为隔水层。

（2）调查矿井长期疏干含水层（组）使含水层性质改变。煤系顶板上部的含水层，由于开采疏干，位于降落漏斗节围内的含水层孔隙中储存的水，通过采动产生的导水裂隙流向井巷，使含水层变为透水层，底板承压含水层由于疏干，承压区转变为无压区。在矿区补充水文地质调查中，除正常调查外，对煤层底板含水层和隔水层也应有所侧重。

（3）调查顶板含水层的水位、水质变化程度，调查含水层被疏干或降压时导水裂隙带发育高度与主要含水层的关系、地面塌陷位置与矿井水的关系。含水层中地下水的补给、径流、排泄条件的变化等，预测补给半径扩展速度、范围和矿井排水量的变化。

（4）调查底板含水层的厚度、水压、空隙率、富水性。提出疏水降压的安全水压值以及控制水压的安全高度，将含水层的静水压力控制在安全水压范围内，达到只降压、不疏干的目的。

（5）隔水层的调查。调查隔水层岩性、厚度、力学强度及分布范围。

隔水层在矿井疏降水的过程中起着阻隔水流的作用；主要隔水层在煤层开采后不受破坏，完整的隔水层可以减少顶板含水层水对矿井的补给；同时，阻止大气降水、地表水向底板承压含水层渗入。此外，还应了解煤厚、开采方法和顶板管理方法，通过改变开采方法改善顶板管理来保护隔水层。

（五）地质构造

在煤田勘探过程中，通过钻探等手段基本可查清井田内的主要断层，但一些小断层往往易被遗漏。某些地段由于工程量控制不足，对于一些较大的断层或裂隙的特点难以查清。

（1）在建井和开采时，必须对巷道揭露的每一条断层进行详细的观察、记录和分析研究，对所揭露的断层应做素描图，裂隙发育带应选择有代表性的地段、进行裂隙统计。

（2）调查断裂构造的形态、产状、规模、性质、断层断距，破碎带的范围、充填或胶结程度，断层带两侧岩性和裂隙发育程度，断层带的充水状态，断层在延展方向是否切割了大的含水体和含水断层等及断层导水性。

（3）调查有无泉水出露、水量大小等，了解泉的性质和观测泉流量，采水样分析水质，分析补给水源。

（4）查明褶皱构造形态、位置、规模、沿走向的变化规律和倾伏情况。

（六）地表水体

（1）调查与收集矿区河流、渠道、湖泊、积水区、山塘、水库的历年水位、流量、积水量、最大洪水淹没范围、含沙量、水质和地表水体与下伏含水层的关系等。

（2）调查矿区范围内的河流、湖泊、池塘、沟渠、水库、塌陷坑等地表水体的位置及周围的地形特征。

（3）调查地表水体的形态，内容包括：河流（沟渠）的宽度、长度和深度；湖泊、水库、池塘、塌陷坑等水体面积和积水深度；塌陷坑或煤系岩层露头带有无地表水的渗漏；等等。

（4）调查地表水体附近的地层岩性、地貌条件及其所处的构造部位，查明地表水体是否影响煤层的开采。

（5）调查河流、湖泊的水位、流量（或积水量）、流速、含砂量等。

（6）调查水的物理性质，如水温、颜色、气味、透明度，提取水样做化学分析。

（7）调查水量、水位、水温的变化，调查历史上洪水痕迹和受灾情况等。

（8）调查和收集河流上、下游间流量的变化、支流的水量、河床沿途的变化情况，特别要重视枯水期地表河流流量的测定。

（9）调查地表水的利用情况及受污染状况。

（七）井（孔）泉

调查井（孔）泉的位置、标高、深度、出水层位、涌水量、水位、水质、水温、有无气体溢出、流出类型及其补给水源，并素描泉水出露的地形、地质平面图、剖面图。

1.井、钻孔

（1）调查井、孔的位置及所处地貌部位，井、孔的深度、结构、形状及口径。

（2）调查井、孔所穿越的地层剖面，确定含水层的位置、厚度和含水性质。

（3）调查井、孔水位、水温和涌水量的变化情况，进行简易抽水试验，取水样做化学分析，调查收集钻孔抽水试验和水文地质观测资料。

（4）调查自流井出水层位和隔水顶板的岩性、水头高度及流量变化情况。

2. 泉的调查

（1）调查泉水出露的地形、地貌的部位、标高及其与当地基地面的相对高差。

（2）调查泉水出露处的地质构造条件和涌出地面时的特点。

（3）根据地质构造与泉的特点，判断补给泉水的含水层，绘制泉水出露处的素描图。

（4）调查、观测泉水的物理性质，取水样做化学分析，测量泉水的流量和水温，并了解流量的动态特征。

（八）古井、老窑调查

（1）调查古井、老窑的位置及开采、充水、排水、停采原因等情况，察看地面塌陷地形，圈出采空区并估算积水量。

（2）调查废井或老窑的井口位置及附近地形特征，井口及其附近地面的标高；井筒性质（竖井、斜井）、井口形状及填充状况；观测塌陷的地面形态；调查附近有无地表水体及其与地表水体的距离。

（3）调查建井年月、生产能力及开采概况，井深、井筒直径、开采的煤层层数，以及名称、采煤方法、顶板管理、巷道布置、采空面积与深度、通风、运输、提升、排水情况、巷道规格、支护、停采报废原因等。

（4）调查收集地质资料。煤系地质时代、煤层及各分层厚度及其变化、层间距、煤层顶底板岩性特征、井田地质构造方向、褶皱形态、断层产状、断距及其变化、地质储量及残留煤柱大小，与邻近老窑、矿井采空区的关系等。

（5）调查收集水文地质资料。开凿井筒时的涌水量；出水岩层的岩性、厚度及富水性；开采期间井下涌水量的变化；透水点类型、其分布特征与地质构造关系；突水次数及水患情况；停采后积水量的估计；矿井水的物理性质和化学成分（或取水样进行化学分析）。

（6）除现场观察报废的矿井外，主要是收集采掘工程图、地质及水文地质资料、矿井报废报告。对无资料可查的老窑，主要靠现场观察、测绘和访问，必要时还应进行物探和钻探。

（九）小煤矿调查

（1）调查小煤矿的位置、范围、开采煤层、地质构造、采煤方法、采出煤量、隔离煤柱、与大矿的空间关系，并搜集系统完整的采掘工程平面图及有关资料。对已报废小井的资料，必须存档备查。

（2）对于生产小煤矿，还应调查其生产安排、排水能力、井巷出水层位、水质、涌水量、充水因素及与大矿之间的水害关系。

（十）地面岩溶调查

1. 一般性调查

调查岩溶发育的形态、分布范围。对地下水运动有明显影响的进水口、出水口和通道，应进行详细调查，必要时可进行连通试验和暗河测绘工作。要分析岩溶发育规律、地下水径流方向，圈定补给区，测定补给区的渗漏情况，估算地下径流量。有岩溶塌陷的区域，还应进行岩溶塌陷的测绘工作。

2. 裸露型地区岩溶调查

调查与开采煤层有关的岩溶含水层的分布范围和隔水边界，调查地下水的补给条件、水位、动态和水质特征及其与区域地质构造、岩性、地貌条件的关系；调查全部天然水点，详细研究岩溶泉水的出露条件、控制因素，根据泉水出露的地形地质条件圈定汇水区，实测、访问或根据洪水痕迹推断其水位与流量的变幅，观察地下河系发育特征，调查控制暗河发育的断裂构造、褶皱轴及各主导裂隙的分布和岩溶层呈条带展布的规律，圈定地下河系的补给面积；调查地表水与地下水在不同水文地质单元的相应转化关系；在水质受污染的地区，注意调查污染源和污染方式与途径。在生产矿区调查因采矿引起的潜蚀现象，以及当矿井突水时，井下有无涌沙、涌水现象等。

3. 覆盖型地区岩溶调查

调查覆盖层的总厚度，分层的岩性、厚度、成因，其中含水层的分布、富水性、水质及其底部含水层同岩溶含水层之间的接触关系与水力联系；分析推断覆盖层下岩溶岩层不同岩性或非岩溶岩层的分布、地质构造及岩溶水的汇水条件；

调查岩溶含水层的埋藏深度和岩溶含水层富水地段，主要通道的分布规律及其水质、水量特征；浅覆盖地区地表各种岩溶形态的展布方向，排列形式与地层、地质构造的关系，并判断下伏岩溶洞穴通道的情况；调查地表水与地下水的水力联系；当覆盖层为透水层时，还需注意工农业污水对岩溶地下水的污染。

4. 埋藏型地区岩溶调查

调查与开采有关的煤层顶底板各岩溶含水层的埋藏深度、岩性、厚度、岩溶洞隙率、水位、富水性及水质特征，褶皱形态和断裂构造对岩溶发育分布的控制作用；调查同一水文地质单元各深埋型岩溶含水层露头带的水力交替运动条件及其对岩溶发育的影响；调查古岩溶的形态存在的部位、规模、充填情况及其对现代地下水循环所起的作用。

5. 岩溶水点及地下暗河调查

（1）岩溶水点的地面标高及所处地貌单元的位置和特征，岩溶水点出露的地层层位、岩性、产状及构造部位，构造与岩溶发育的关系。

（2）观测岩溶水点的水位标高和埋深、水的物理性质、气温、洞温并取水样；观测溶洞内水流的流向和流速、洞内瀑布的成因和落差、地下湖或地下河的规模和流经地段，以及水生动物等的活动情况；调查水位及流量的动态变化，观测洪水痕迹，测量水深。部分岩溶水点应实测水文地质剖面图并素描或拍照。

（3）对岩溶水点，应用联通试验调查其与邻近水点及整个地下水系的关系，重要水点可安排长期动态观测工作。

五、井下水文地质调查

井下水文地质调查工作，是随矿井建设和采掘工作同时进行的，主要包括巷道工作忙充水性调查和涌水量调查两个方面。

（一）巷道、工作面充水性调查

巷道、工作面充水性调查应包括含水层、裂隙与岩溶、断裂带和出水点等的调查。

1. 含水层调查

当井巷揭露含水层时，应详细描述其产状、厚度、岩性、构造、裂隙或岩溶发育与充填情况，以及揭露点的位置、标高、出水形式、涌水量、水温、水压等。

当涌水量较大时，应取样分析水质并进行水动态长期观测，及时掌握含水层在采煤过程中水量的变化规律，提出防范建议。

2. 裂隙、岩溶调查

对巷道穿透的含水层，应选择典型地段进行裂隙调查，测定裂隙的产状、长度、宽度、数量、形状、尖灭情况，调查充填程度及充填物、地下水活动痕迹等。

在碳酸盐岩层中掘进时，对揭露的溶洞或大型溶隙，应详细记录其标高、长、宽、高、体积和形态，发育方向、有无充填物及充填物成分、充水情况、地下水运动痕迹，岩溶体沿构造面还是岩层面发育，记录岩性和周围地质构造特点，必要时可做岩溶率的统计。

3. 断裂带调查

当巷道、工作面揭露断裂带时，要详细记录断裂带的产状、断层性质、断距、断层带宽度，断层带内充填物成分、胶结程度及断层带两侧岩性特点，裂隙产状、宽度、发育程度；揭露断层及裂隙带时的出水量、出水持续时间、水压、水温并采取水样。

对导水和富水断层应专门建立登记卡片。

4. 出水点调查

对巷道、工作面所揭露的出水点，包括滴水、淋水、涌水，必须观测和记录其出水时间、地点、位置、标高，以及含水层层位、岩性、厚度，围岩破坏情况和地质构造特点，并要观测出水形式，测定水量、水压、水温及水质等。

如果涌水量较大，要求设测站观测其动态变化，绘制出水量变化曲线图和出水点剖面图。

（二）涌水量调查

1. 涌水量观测站（点）布设

矿井涌水量观测站（点）分固定站（点）和临时站两种。

在一般情况下，矿井的每一开采水平，每一水平的不同开采区域及不同开采层，疏干石门或水文地质条件复杂的开采区域，长期涌水的突水点、放水孔等重要的水点，都要设立固定站，长期测定井下涌水量。采掘工作面的探放水钻孔、一般出水点、井筒新揭露的含水层等，通常都设置临时站测定涌水量。

2. 涌水量观测站（点）位置

重要涌水点附近、水文地质条件复杂区域、排水井的下游、疏干石门水沟的出口处或各主要含水层水沟的下游、不同开采翼大巷水沟入水仓处等，都是设站（点）的位置。

设站处 3 ~ 5m 内的水沟要顺直，断面要规格，沟底坡度要均匀，流水要通畅稳定。特别是大巷入水仓处的测站，要远离水仓口 20m 以外，避开紊流段。

测站处要设有明显的站名和标志。

3. 矿井涌水量观测

（1）对井下新揭露的突水点、探放水钻孔，在涌水量尚未稳定和尚未掌握其变化规律前，观测时间间隔要短，一般应每天观测一次；对溃入性涌水，在未查明突水原因前，应每隔 1 ~ 2h 观测一次，以后可适当延长观测间隔时间；涌水量稳定后，可按井下正常观测时间观测。在观测涌水量的同时，还要测量水压、水温并观测附近可能有水力联系的其他测站水量（压）的变化，取水样进行水质分析。

（2）各固定站的观测间隔时间应根据各矿井的水文地质条件确定。一般情况下，高水位期（雨季）1 ~ 5d 观测一次；低水位期（枯雨季），复杂矿井 10 ~ 15d 观测一次，简单矿井一月观测一次；平水位期，复杂矿井 5 ~ 10d 观测一次，简单矿井半月观测一次。

（3）矿井涌水量观测一般应分矿井水平设站观测，每月观测 1 ~ 3 次；复杂型和极复杂型矿井应分煤层、分煤系、分地区、分主要出水点设站进行观测，每月不小于 3 次；受降水影响的矿井，雨季观测次数应适当增加。

（4）当采掘工作面上方影响范围内有地表水体、井下富含水层、穿过与富含水层相连通的构造断裂带或接近老窑积水区时，应每天观测充水情况，掌握水量变化。

（5）新凿立井、斜井，垂深每延深 10m 观测一次涌水量；掘至新的含水层时，虽不到规定的距离，也应在含水层的顶底板各观测一次涌水量。

（6）矿井涌水量的观测，应注重观测的连续性和精度，要求采用容积法、堰测法、流速仪法或其他先进的测水方法；测量工具要定期校验，以减少人为误差。

（7）井下疏水降压（或疏放老空水）钻孔涌水量、水压调查。在涌水量、水压稳定前，应每小时观测 1 ~ 2 次，涌水量、水压基本稳定后，按正常观测要求进行。

六、矿山充水条件调查

（一）矿山充水水源

在不同地质、水文地质、气候和地形条件下会形成不同类型的矿井水害充水模式，有不同类型的矿井充水水源。

矿井充水水源主要包括大气降水、地表水、地下水和老窑积水。地表水又可分为河水、湖水、海水。地下水可分为第四系松散沉积层潜水、砂岩裂隙水、岩洞裂隙水等。不同的水源具有不同的特点和影响因素，不同的水源会给矿山带来不同的突水模式和灾害强度。

矿山涌水一般是由多种水源补给的，其中以某一种水源为主。在进行调查时，应对矿床的充水水源进行全面的具体分析，区别主要水源和次要水源，并注意调查充水水源在开采前后的变化情况，为矿井防治水提供可靠的资料。

（二）矿山充水通道调查

1. 构造断裂带充水通道调查

调查断裂两盘的岩性特征、断裂形成时的力学性质、充填胶结情况、后期破坏程度以及人为作用等因素，其中以岩性特征的影响最大。

调查断裂带的导水性能时，既要调查构造断裂带在水平与垂直方向的变化，又要调查其在开采前后的变化。

2. 采空区覆岩冒裂带通道调查

调查煤层开采过程中采空区上方冒落带、裂隙带及整体移动带，调查实测控制冒落带及裂隙带的高度及其与强含水层（段）、间接含水层、地表水体及风化带的接触关系，以避免冒裂带成为导水通道、造成井下突水或淹井事故。

3. 底板突破通道调查

调查在井巷下方或煤层底板强含水层水压及矿山压力的作用下，底板隔水层被突破而导致井巷突水的可能性。底板能否发生突水以及突水量的大小主要取决于底板承受压力的大小、底板隔水层的厚度及其稳定性等因素。在其他条件相同的情况下，沿矿床倾向，随开采厚度的增加，底板所承受的水压增大，易发生突水，突水量也大。

4.地面岩溶、采空区塌陷调查

调查岩溶、采空区塌陷的影响因素，岩溶发育程度、含水层的透水性、地下水位下降幅度、地表水与地下水间的联系程度、松散层的岩性及厚度等。还需调查：

（1）浅部岩溶发育地段及岩溶水活动强烈地段调查。包括抽水降落漏斗的中心及其附近，断裂构造发育带，河流两岸、河床、洼地及沼泽等岩溶水排泄区，可溶岩与非可溶岩接触带。

（2）塌陷在第四系覆盖较薄处。

（3）采矿中遇到的陷落柱。

5.煤层顶板"天窗"调查

有松散覆盖层的矿区，当松散岩层与矿床之间的隔水层因相变尖灭时便在某一部位形成"天窗"，致使孔隙含水层与下伏充水层直接沟通。在天然状态下，下伏充水层的水位较高，"天窗"可成为这部分地下水的排泄通道。在开采状态下，当因疏干地下水而使含水层水位降至"天窗"以下时，"天窗"就成为矿山突水的通道，造成井下突水，河水断流或倒流。

调查"天窗"地段岩石透水性的强弱及其渗透断面的大小。

6.含水层露头区调查

调查充水含水层的出露面积及其透水性。

充水含水层出露面积越大，导致大气降水进入矿坑的量就越多；矿井岩溶充水含水层具有导水强的岩溶空隙，当矿床含水层裸露地表时，大气降水通过露头区直接渗入补给含水层或直接灌入井巷，使矿坑涌水量迅速增加或造成矿井突水。

7.封闭不良或未封闭钻孔调查

勘探阶段施工的各种不良钻孔可沟通各种水源。勘探结束后，钻孔未按要求进行封闭或封闭质量不高，当井巷一旦揭露或接近这些钻孔时，便有可能发生突水事故。

对封闭不良或未封闭钻孔，主要调查钻孔的孔径、揭露含水层的标高及其规模等。以上介绍了几种充水通道及其主要影响因素。充水通道同充水水源一样，一般是多种通道共同作用的，有主有次。实践中，应根据具体条件分清矿床的充水是一种通道还是多种通道作用的。

七、矿区排水、供水现状调查

（一）矿区供水现状调查

（1）调查矿区供水的水源利用情况。

（2）调查矿区供水的水质及标准。

（3）调查矿区水源与矿井疏水影响范围的关系。

（4）调查矿区供水的潜在污染源及预防措施。

（二）矿区排水现状调查

（1）调查矿区排水疏干引起的地下水均衡性的变化。

（2）调查矿区地表水和地下水质污染的污染源及污染途径。

（3）调查矿区地形、地貌、水系、空气等自然环境变化影响。

（4）调查环境水文地质改变及引起的生态平衡破坏。

八、矿山环境地质调查

（1）调查矿区气象水文、地形地貌、地层岩性、地质构造、新构造运动及水文地质、工程地质、环境地质条件。

（2）调查矿体赋存特征、矿山开采方式、开采深度、厚度及开采影响范围。

（3）调查矿区环境问题和地质灾害的形成条件、分布规律、影响因素、发育程度、发展趋势；预测其对矿业活动的影响；预测矿业活动引发、加剧和遭受的主要环境问题和地质灾害。

（4）调查矿区土地、植被资源占用和破坏问题，采场（露天开采）、工业广场、采矿废弃物、尾矿库、生活设施建设占用，和破坏土地、植被资源等土地利用现状改变；矿山地质灾害造成的土地、植被资源和地貌景观破坏；废液排放、堆积物淋滤液污染土壤及水土流失；地貌景观破坏、水土流失、土地沙化、盐碱化、土壤污染等。

（5）调查矿井突水、矿井排水形成的地下水降落漏斗，以及采动后上覆岩层破碎、断裂、沉降，导致各含水层连通，造成地下水均衡改变等水均衡失衡、地下水水位下降、水资源枯竭；废液废渣排放、堆积物淋滤液造成地下水、地表水污染，破坏水环境等。

（6）调查井下开采、露天开采、矿坑疏干排水引发的崩塌、滑坡、地面塌陷（开采沉陷、岩溶塌陷）、地面沉降、地裂缝、不稳定边坡等灾害；矿山地质灾害，固体废弃物堆积引起的崩塌、泥（渣）石流、不稳定边坡等灾害；尾矿库溃坝、尾矿坝开裂、不稳定边坡问题。

（7）调查矿山尾矿体及其环境污染。

第二节　矿山水文地质调查方法

一、矿山水文地质补充勘探

矿井进行水文地质补充勘探时，应当对包括勘探区在内的区域地下水系统进行整体分析研究；在矿井井田以外区域，应当以水文地质测绘调查为主；在矿井井田以内区域，应当以水文地质物探、钻探和抽（放）水试验等为主。

矿井水文地质补充勘探工作应当根据矿井水文地质类型和具体条件，综合运用水文地质补充调查、地球物理勘探，水文地质勘探、抽（放）水试验，水化学和同位素分析，地下水动态观测、采样测试等各种勘查技术手段，积极采用新技术、新方法。

矿井水文地质补充勘探应当编制补充勘探设计，经矿区企业总工程师组织审查后实施。补充勘探设计应当依据充分、目的明确、工程布置针对性强，并充分利用矿井现有条件，做到井上、井下相结合。

（一）矿山水文地质补充勘探的必要性

（1）原勘探工程量不足，水文地质尚未查清。

（2）经采掘揭露，水文地质条件比原勘探报告复杂。

（3）矿井开拓延伸、开采新煤系（组），或扩大井田范围设计需要。

（4）专门防治水工程提出特殊要求。

（5）各种井巷工程穿越富含水层时的施工需要。

（6）补充供水需寻找新水源。

（二）水文地质补充勘探的任务

水文地质补充勘探，是在水文地质勘探的基础上，进一步查明矿区（井）水文地质条件的重要手段，其任务主要是通过水文地质钻探和水文地质试验解决以下五个方面的问题：

（1）研究地质和水文地质剖图，确定含水层的层位、厚度、岩性、产状、空隙性，并测定各个含水层的水位。

（2）确定含水层在垂直和水平方向上的透水性和含水性的变化。

（3）确定断层的导水性，各个含水层之间，地下水和地表水之间，以及其与井下的水力联系。

（4）求出钻孔涌水量和含水层的渗透系数等水文地质参数。

（5）对不同深度的含水层取水样，分析研究地下水的物理性质和化学成分，对某些岩层采取岩样，测定其物理力学性质。

（三）水文地质补充勘探钻孔的布置原则

为了能高质量地完成上述任务，除了根据具体的地质和水文地质条件正确地选择钻进方法、钻孔结构、组织观测、取样、编录等工作以外，首要的问题就是正确地布置勘探钻孔。

水文地质补充勘探钻孔的布置，应在水文地质补充调查的基础上，结合建设、生产和设计部门提出的任务和要求综合考虑。在具体布置钻孔时，一般应遵循下列原则：

（1）布置在含水层的赋存条件、分布规律、岩性，厚度、含水性、富水性以及其他水文地质条件和参数等不清楚或不够清楚的地段。

（2）布置在断层的位置、性质，破碎情况、充填情况及其导水性不清楚或不够清楚的地段。

（3）布置在隔水层的赋存条件、厚度变化，隔水性能没有掌握或掌握不够的地段。

（4）布置在煤层顶底板岩层的裂隙，岩溶情况不清楚或不够清楚的地段。

（5）布置在先期开发地段。

（6）根据建设和生产中某项工程的需要布置，如井下放水钻孔、注浆堵水钻孔、导水裂隙带观测孔、动态观测孔、检查孔等。

（7）尽可能做到一孔多用，并上下相结合。

（四）矿山水文地质补充勘探技术要求

（1）编制补充勘探设计。

（2）补充勘探设计要依据充分、目的明确、工程布置针对性强，要充分利用矿井条件，做到井上、下结合。

（3）提交水文地质补充勘探报告或资料。

（4）水文地质钻孔和各种试验的施工技术要求符合相关规程、条例。

（五）水文地质补充勘探钻孔的布置要求

补充勘探钻孔的数目，要根据具体情况而定。为能达到不同的目的，钻孔的布置有不同的要求。

（1）假如是为了确定主要含水层的性质，往往要布置多个钻孔，这时要将钻孔布置在水文地质条件不同的地段，以便有效地控制含水层的性质。例如，对于单斜岩层，应顺倾向布置钻孔，因为在这个方向上含水层埋藏由浅而深，透水性、富水性随深度变化最显著，地下水的化学成分、化学类型以及水位的变化也以此方向为最大。同样，对于向斜构造，钻孔应垂直向斜轴在其轴部及两翼布置。

（2）为确定断层破碎带的导水性而布置的钻孔，应当通过断层破碎带，最好能通过上、下盘的同一个含水层或不同含水层，这样在一个钻孔中既能了解到断层带的资料，又可以了解到更多的含水层资料，并且还便于确定含水层之间有无水力联系。当断层两侧的含水层有水力联系时，则断层上、下盘含水层中的水位、水温、水质都应当相似。

为了可靠地判定断层两盘含水层的水力联系（这实际上就是断层是否导水

的问题），可以在断层一侧的含水层中布置观测孔，而在另一侧的含水层中抽水。如果在抽水过程中观测孔的水位下降，就证明二者之间有联系，并证明断层是导水的。显然，如果断层两盘含水层的水位、水温、水质都有显著的差别，则说明断层是不导水的，至少是导水性很差。

（3）假如各个含水层发生水力联系的不是断层，而是由于含水层的底板变薄、尖灭或者透水性变好，那么，为查明含水层间的水力联系而布置的钻孔与上述相同，钻孔要通过可能有联系的那些含水层，并观测其水位、水温、水质变化。必要时，也可以在一层中抽水，在另一层中布置观测孔进行观测。

（4）为查明地表水与地下水之间的水力联系，就要在距地表水远近不同的地段布置几个孔，然后逐一抽水，抽水时的降深要尽可能大。一般地表水都是低矿化度的重碳酸型水，水温与地下水也不相同，因而可借助于抽水过程中水温、水质和水量的变化，判定是否有地表水流入。但要想可靠地确定地表水与地下水的水力联系，则应进行长期观测。

（5）为确定地下水与井下的水力联系，最好将钻孔布置在井下出水点附近的含水层中，然后做连通试验，从钻孔中投入试剂（如食盐、荧光试剂、氯化铵、放射性同位素等），在井下出水点取样测定是否有试剂反应，根据有无试剂反应来确定水力联系情况。

（6）用于查明岩层岩溶化程度的钻孔，要布置在能够控制其变化规律的地段。例如，有些地区离河流越近，岩溶越发育，那么，应垂直河流布置钻孔，并且距河流越近，钻孔应布置得越密。

在进行矿井水文地质钻探时，每个钻孔都应当按照勘探设计要求进行单孔设计，包括钻孔结构、孔斜、岩芯采取率、封孔止水要求、终孔直径、终孔层位、简易水文观测、抽水试验、地球物理测井及采样测试、封孔质量、孔口装置和测量标志要求等。

（六）水文地质补充勘探资料的整理

矿区（井）水文地质补充勘探工作结束之后，必须将所收集到的资料进行整理、分析和研究。在此基础上，修改原地质报告中的水文部分，同时修改或补充矿井水文地质图及其他图件。如果经过补充水文地质勘探之后，发现资料与原地质报告出入很大，在这种情况下，就必须重新编制矿区（井）水文地质报告书及相应的水文地质图件。报告书的内容和要求以及所提出的图件资料，与勘探阶段相同，应尽可能地结合矿区（井）建设和生产的特点，满足建设和生产的要求。

（七）地面水文地质补充勘探方法

（1）水文地质勘探钻孔按照勘探设计要求进行单孔设计，包括钻孔结构、止水要求、终孔直径、终孔层位、孔斜、岩心采取率、封孔质量、简易水文观测及地球物理测井等，设计、技术指标书和施工技术符合标准要求。

（2）水文地质钻孔要做好简易水文地质观测。

（3）水文地质观测孔要安装孔口盖，孔口盖要坚固耐用、观测方便。

（八）井下水文地质补充勘探方法

（1）复杂型或极复杂型矿，采用地面水文地质勘探难以查清问题时，需进行放水试验或连通试验等井下水文地质补充勘探。

（2）煤层顶底板有含水（流）砂层或岩溶含水层时，进行疏水开采试验等井下水文地质补充勘探。

（3）受地表水体、地形限制，受开采塌陷影响，地面无法进行水文地质试验，需进行井下水文地质补充勘探。

（4）孔深过大或地下水位过深，地面无法进行水文地质试验，进行井下水文地质补充勘探。

（5）需要在井下寻找供水水源，进行井下水文地质补充勘探。

二、矿山水文地质观测

矿井水文地质观测是经常性的、十分重要的长期工作，是矿井水文地质工作的主要项目，是长期提供矿井水文地质资料的重要手段。水文地质观测所获得的资料，有助于了解地下水的动态与大气降水的关系、各含水层之间的水力联系、各含水层与矿井涌水的关系，分析矿井涌水水源，预计矿井涌水量，为防治矿井水提供依据，对矿井水文地质条件进行综合性评价。

矿井水文地质观测是矿井地质勘测工作的主要目的，在进行矿井水文地质观测时，首先在了解矿井生产基本概况的同时，要明确矿井水文地质观测的主要项目；再结合收集的相关观测资料，做出矿井主要的水文地质图件。要掌握矿井水文地质观测的内容和要点，必须掌握以下知识：地面水文地质观测、井下水文地质观测、观测资料的整理分析。

矿区（井）建设和生产过程中的水文地质观测工作，一般包括两部分内容，即地面水文地质观测和地下水文地质观测。现分别介绍如下。

（一）地面水文地质观测

地面水文地质观测包括气象观测、地表水观测、地下水动态观测，以及采矿后形成的垮落带和导水裂隙带发育高度的观测。

1. 气象观测

气象观测主要是降水量的观测。一般情况下可以收集矿区附近气象站的观测资料。但有些矿区（井）与气象站相距较远，当其资料不能说明矿区（井）的气象特征时，应设立矿区（井）气象站。观测内容除降水量外，还应包括蒸发量、气温、相对湿度等。观测时间和要求应与气象站一致。

气象观测资料，应整理成气象要素变化图，以说明矿区（井）范围内气象要素变化情况。此外，还应当把气象要素变化同矿井建设和生产的实践结合起来分析研究，如绘制降水量与矿井涌水量变化关系曲线图，以帮助分析矿井涌水条件。

2. 地表水观测

地表水主要是指河流、溪流、大水沟、湖泊，水库、大塌陷坑积水等。对分布于矿区（井）范围内的地表水，都应该对其进行定期观测。

对于通过矿区（井）的河流、溪流、大水沟，一般在其出入矿区（井）或采区、含水层露头区，地表塌陷区及支流汇入的上下端设立观测站，定期地测定其流量（雨季最大流量）、水位（雨季最高洪水位），通过矿区（井）、地表塌陷区、含水层露头及构造断裂带等地段的流失量，河流泛滥时洪水淹没区的范围和时间。

对分布在矿区（井）范围内的湖泊、水库，大塌陷坑积水区，也必须设立观测站进行定期观测。观测的内容主要是积水范围、水深，水量及水位标高等。

上述观测内容，在正常情况下，一般每月观测一次，但如果采掘工作面接近或通过地表水体之下，或者通过与地表水有可能发生水力联系的断裂构造带，观测次数则应根据具体情况适当增加。

通过上述观测所获得的资料，应整理成曲线图，以便研究其流量（水量）水位的变化规律，找出其变化原因并预测地表水对矿井涌水的影响。此外，还应将河水漏失地段、洪水淹没范围等标在相应的图纸上。

3.地下水动态观测

地下水动态观测是研究地下水动态的重要手段。观测内容包括水位、水温和水质等。对泉水的观测，还应当观测其流量。

在矿区进行地下水位（压）动态观测，是为了掌握地下水的动态特征，从而判断其与大气降水、地表水体之间以及含水层之间的水力联系，判断突水水源、预测水害，分析地下水的疏干状况以及同矿井开采面积、深度的关系等，为防治水害和利用地下水资源服务。

（1）观测方法。在矿区（井）建设和生产过程中，应该选择一些具有代表性的泉、井、钻孔、被淹矿井以及勘探巷道等作为观测点，进行地下水的动态观测。如果已有的观测点不能满足观测要求，则需要根据矿区（井）的水文地质特征和建设及生产要求增加新的观测点，与已有的观测点组成观测线或观测网。

观测点的布置，一般应当布置在下列地段和层位：

①对矿井生产建设有影响的主要含水层。

②影响矿井充水的地下水强径流带（构造破碎带）。

③可能与地表水有水力联系的含水层。

④矿井先期开采地段。

⑤在开采过程中水文地质条件可能发生变化的地段。

⑥人为因素可能对矿井充水有影响的地段。

⑦井下主要突水点附近，或者具有突水威胁的地段。

⑧疏干边界或隔水边界处。

此外，观测孔应尽可能做到一孔多用，井上与井下、矿区与矿区、矿井与矿井之间密切配合，先急后缓，短期使用与长期使用相结合。同时，应尽量少占农田，不影响农业生产。在布孔建网时，必须有专门、详细的设计，在设计中对每一个观测孔都应该提出明确的目的和要求，如观测项目与层位、钻孔结构与深度、施工要求等。在施工过程中，设计人员必须深入现场，与施工人员紧密配合，发现问题及时处理。

（2）观测要求：

①观测点要统一编号，设置固定观测标志，测定坐标和标高，并标绘在综合水文地质图上。观测点的标高应当每年复测 1 次，如有变动，应当随时补测。对于孔深，一般要求每半年到 1 年检查 1 次，如果发现有淤塞现象，应及时处理。

②观测流量或水位时，同时观测水温。在观测水温时，温度计沉入水中的时间，一般应不少于 10min。

③观测时间间隔。矿井应当在开采前 1 个水文年内进行观测工作。在采掘过程中，应当坚持日常观测工作；在未掌握地下水的动态规律前，一般每 5 ~ 10 日观测 1 次，随后每月观测 1 ~ 3 次；在雨季或者遇有异常情况时，应当适当增加观测次数。水质监测每年不少于 2 次，丰、枯水期各 1 次。

④为了减少误差，安排固定人员，按固定时间和顺序在最短时间内观测完毕，并使用同一测量工具，在观测前要进行检查校正。每次水位观测至少有 3 个读数，其误差不超过 2cm，水温误差不超过 0.2℃，如果发现有异常情况，要立即分析，必要时进行重测。

（3）观测资料的整理。进行地下水动态观测的目的在于通过日常观测，了解一个矿区（井）水文地质条件随时间的延续所发生的变化规律。为此，对地下水的观测资料应及时进行整理和分析。对每一个观测点的资料，编制成水位变化曲线图、流量变化曲线图等，以便掌握该点地下水的动态。对整个观测系统的资料定期整理，编制成综合图件，如等水位线图（等水压线图）、水化学剖面图等，以掌握整个矿区（井）范围内某一时期的水文地质条件变化，以便分析矿井的涌水条件及其变化。

4. 垮落带、导水裂隙带发育高度的观测

垮落带、导水裂隙带发育高度主要指观测煤层采空后，其上覆岩层失去支撑而发生变形、移动以致垮落、开裂所形成的垮落带和导水裂隙带的高度。

煤层开采后，采空区顶板岩层失去支撑，发生变形、移动而后垮落，充填采空区。在垮落带上方岩层中发育大量导水裂隙，其发育高度对矿井涌水量的影响极大，如果导水断裂带将各含水层贯通，地下水将源源不断地流入矿井，当导水断裂带发育高度达到地表，沟通地表水体时，将地表水引入矿井，成为矿井充水水源，因此，对垮落带、导水断裂带的观测非常必要。通常在地面利用钻孔钻进过程中观测岩芯破碎程度及冲洗液消耗量来确定垮落带及导水断裂带的高度。当钻进到导水断裂带时，岩芯破碎，冲洗液大量消耗；当钻进到垮落带时，岩芯非常破碎，冲洗液完全消耗，水位消失。

观测孔的具体布设方法如下：

（1）当开采缓倾斜煤层时，在采区或 1 个采煤工作面的上部地表，沿煤层走向、倾向各布置 1 条观测线，每条观测线上都布置 3 个观测钻孔，以了解钻孔下方煤层采空后，不同时间岩层垮落带与断裂带的高度。观测孔的施工时间，应安排在回采后 2 ~ 3 个月内进行。如果煤层顶板比较坚硬，采区或工作面上部的垮落带、断裂带的高度，要比工作面中部和下部高，因此，可省略沿倾斜方向的钻孔，只布置一条沿煤层走向的观测线。

（2）开采急倾斜煤层的地区，观测孔一般布置在采区或采面中部一条沿倾斜的剖面上，由 3 ~ 5 个钻孔组成，由于影响急倾斜煤层围岩破坏的因素较多，也可在观测线两侧各补 1 个钻孔，以便控制和了解顶板岩层的破坏形态，求出铅直方向的岩层导水断裂带高度，在煤层内的连续的钻孔，用以观测煤层向上可能出现的滑落高度，从而预测煤层滑落是否破坏地表水体。

目前部分矿区采用的是在井下工作面周边向采空区上方的导水断裂带内施工仰斜钻孔，分段注水观测采后"三带"发育高度。采用一种称为"双端封堵测漏装置"的观测系统，该观测系统由孔内双端封堵器、连接管路和孔外控制台三部分构成，孔外控制台主要包括流量表、压力表和相应的阀门，用以控制封孔压力和注水压力及测量注水量大小；孔外仪表与孔内封堵器之间通过耐压管路连接。

采用双端封堵器观测导水断裂带高度，与传统的地面打钻采用钻孔冲洗液消耗量观测法相比，工程量小、成本低、精度高、简单易行。

（二）地下水文地质观测

1. 巷道充水性观测

（1）含水层观测。当井巷穿过含水层时，应当详细描述其产状厚度、岩性、构造、裂隙或者岩溶的发育与充填情况，揭露点的位置及标高，出水形式，涌水量和水温等，并采集水样进行水质分析。

（2）岩层裂隙发育调查及观测。对于巷道遇含水层裂隙时，应进行裂隙发育情况调查，测定其产状、长度、宽度、数量、形状，成因类型、张开的或是闭合的、尖灭情况、充填程度及充填物等，观察地下水活动的痕迹，绘制裂隙玫瑰图，并选择有代表性的地段测定岩石的裂隙率。需要测定的面积：较密集裂隙，

可取 $1 \sim 2m^2$；稀疏裂隙，可取 $0 \sim 4m^2$。裂隙率的测定，一般是在选定的块段内，用小钢尺逐条测量裂隙的长度、宽度。

（3）断裂构造观测。断裂构造往往是地下水活动的主要通道。因此，遇到断裂构造时，应当测定其断距、产状，断层带宽度，观测断裂带充填物成分，胶结程度及导水性等。当遇褶曲时，应当观测其形态、产状及破碎情况等。

当遇陷落柱时，应当观测陷落柱内外地层岩性与产状、裂隙与岩溶发育程度及涌水等情况，判定陷落柱发育高度并编制卡片，附平面图、剖面图和素描图。当遇岩溶时，应当观测其形态、发育情况、分布状况、有无充填物和充填物成分及充水状况等，并绘制岩溶素描图。当巷道揭露断层时，首先应确定断层的性质，同时测量断层的产状要素、落差、断层带的宽度、充填物质及其透水情况等，并作出详细的记录。

（4）出水点观测。随着矿井巷道掘进或采煤工作面的推进，如果发现有出水现象，水文地质工作人员应及时到现场进行观测。对于围岩及巷道的破坏变形情况等找出出水原因，分析水源。有必要时，应取水样进行化学分析。上述内容也必须作出详细的记录，编制出水点记录卡片，并绘制出水点素描图或剖面图及出水点水量变化曲线图。

（5）出水征兆的观测。随着井下巷道的开拓、采煤工作面的推进，水文地质工作人员要经常深入现场，观测巷道工作面是否潮湿、滴水、淋水以及顶底板和支柱的变形情况，如底鼓、顶板陷落、片帮、支柱折断、围岩膨胀，巷道断面缩小等。这些现象都是可能出水的征兆，在观测时，都要作出详细的记录。

此外，煤层或岩石在透水之前，一般还会有些征兆：煤壁挂红；煤壁挂汗；空气变冷，煤壁发凉，煤层发潮发暗；采掘工作面出现雾气；工作面煤岩壁发出水叫声；工作面淋水加大，底板鼓起或产生裂隙，出现压力水流；工作面有害气体增加。当出现这些征兆时，矿井有可能发生突水事故。熟悉掌握这些征兆，对可能即将发生的突水事故及时采取对策措施，保证采矿作业人员安全撤离有着重要意义。

2. 矿井涌水量观测

（1）观测要求。矿井涌水量观测是井下观测的重要项目，其观测要求有：

①观测涌水量，应根据井下的出水点及排水系统的分布情况，选择有代表性的地点布置观测站。一般观测站多布置在各巷道排水沟的出口处、主要巷道排水

沟流入水仓处、石门采区排水沟的出口处、井下出水点附近。此外对一些临时性出水点，可选择有代表性的地点，设置临时观测站。

②如果发生突然涌水，在涌水规律未掌握之前应每隔 1 ~ 2h 测定 1 次，以后再逐步地每班、每天，每周、每旬测定 1 次，同时应对井下其他涌水地点或观测钻孔进行同样的观测。观测涌水量时，应同时测定水温、水压（水位），必要时，采水样化验。

③当井下巷道通过地面河流、大水沟、蓄水池及富含水层之下，穿过切割地面河流、大水沟、蓄水池及富含水层的构造断裂带，或巷道接近老空积水区时，应每天或每班测定涌水量。

④井下的疏干钻孔及老窑放水钻孔，每隔 3 ~ 5d 测定 1 次涌水量和水位（水压），并根据观测结果绘制出降压曲线及水位与涌水量关系曲线图，以观测其疏干效果。竖井一般每延深 10m（垂直），斜井每延深斜长 20m，应测量 1 次涌水量。掘进至含水层时，虽不到规定距离，也应在含水层的顶底板各测定 1 次。

（2）观测方法。矿井涌水量观测，应注重观测的连续性和精度，测量工具仪器要定期校验，以减少人为误差。矿井涌水量观测方法，常用的有以下几种：

①容积法。用一定容积的量水桶（圆的或者方形的），放在出水点附近，然后将出水点流出的水导入桶内，用秒表记下流满桶所需要的时间，为了减少测量误差，计量容器的充水时间不应小于 20s。

②巷道容积法。在矿井发生突水时，水流淹没倾斜巷道，利用巷道与自由水面相交断面面积（$F=ab$）和单位时间内水位上涨高度来计算水量。

③浮标法。这种方法是在规则的水沟上、下游选定两个断面，并分别测定这两个断面的过水面积，再量出这两个断面之间的距离，然后用一个轻的浮标（如木片、树皮、厚纸片、乒乓球之类），从水沟上游的断面投入水中，同时记下时间，等浮标到达下游断面时，再记下时间，两个时间的差值，即浮标从上游断面到下游断面流经的距离所需的时间，然后计算其涌水量。

④堰测法。这种方法的实质，就是使排水沟的水通过一固定形状的堰口。测量堰口上游（一般在 2h 的地点）的水头高度，就可以算出流量。这种测定方法对水质无特殊要求，但测量精度较低。堰口的形状不同，计算公式也不一样，常用的有三角堰、梯形堰和矩形堰。

⑤流速仪观测法。流速仪主要由感应部分（包括旋杯、旋轴、顶针）、传讯

盒部分（包括偏心筒、齿轮、接触丝、传到机构）及尾翼等部分组成。测量时将仪器放入水沟中，当液体流到仪器的感应元件旋杯时，由于左右两边的杯子具有凹凸形状的差异，因此，压力不等，其压力差即形成了转动力矩，并促使旋杯旋转。水流的速度越快旋杯的转速也越快，它们之间存在着一定的函数关系，此关系是通过检定水槽的实验而确定的。

（三）观测资料的整理分析

地面和井下水文地质资料，只有经过系统的、科学的分析之后，才具有使用价值。这个过程一般通过建立台账、绘制图件来完成。

1. 矿井水文地质台账

矿井水文地质台账一般包括气象资料台账、钻孔水位动态观测成果台账、井泉动态观测成果台账、矿井涌水量观测成果台账，抽（放）水试验成果台账、矿井突水点台账、井田地质钻孔综合成果台账、井下水文钻孔台账，水质分析成果台账，水源井（孔）资料台账，封闭不良钻孔台账、井下突水点台账和水源井台账等。

矿井防治水基础台账，应当认真收集、整理，实行计算机数据库管理，长期保存，并每半年修正 1 次。

2. 矿井水文地质图件

矿井水文地质图件主要包括：煤层充水性图，比例尺为 1 ： 2000 或 1 ： 5000 ；地形地质及水文地质图，比例尺为 1 ： 2000 或 1 ： 10000 ；水文地质剖面图，比例尺为 1 ： 1000 或 1 ： 5000 ；综合水文地质柱状图，比例尺为 1 ： 500 ；主要含水层等水位线图，比例尺为 1 ： 2000 或 1 ： 10000 ；矿井涌水量与降雨量、蒸发量，水位动态曲线图；矿井排水系统示意图。

3. 主要水文地质图件的编制要点

（1）矿井充水性图。目前，常用的矿井水文地质图纸是矿井充水性图。在矿井充水性图上，一般应反映出下列内容：揭露含水层地点、标高及面积；井下涌水地点及涌水量、水温、水质和涌水特征；预防及疏干措施，如放水钻孔、水闸门及防水煤柱等的位置；老空及本矿井旧巷道积水的地点、范围及水量；矿井排水设施的分布情况、数量及排水能力；矿井水的流动路线；有出水征兆的地点、井巷变形及岩石崩塌情况；井下涌水量观测站的位置及观测成果（一般是填写最近一次的成果）；曾经发生突出的地点，突出的日期、水量，水位（水压）及水温情况；充水的断裂构造、陷落柱位置和水文特征；出现矿区工程地质现象，如巷道冒顶、底鼓、变形的地点，井下涌水量观测站（点）的位置；井下探水线、警戒线位置。

矿井充水性图随采掘工程的进展要定期填绘，通常在水文地质条件复杂的矿井，每季度或半年填绘 1 次；一般矿井，每年填绘 1 次；对于水文地质条件十分简单、不存在水害威胁的矿井，可视具体情况而定。

（2）矿井地形地质及水文地质图。矿井地形地质及水文地质图是一张全面反映矿井水文地质条件的综合性图纸，是分析矿井充水性因素，研究矿井防治水工作的主要依据，比例尺为 1：2000 ~ 1：5000。该图主要反映以下内容：

①矿井边界、各井筒位置及三度坐标，水文地质钻孔及其抽水试验成果。

②井田范围内的地表水体——河（沟），水池、塌陷积水区，河沟（含季节性的）渗漏段、集中渗漏段等，水文观测站。

③与矿井地下水赋存条件有密切联系的背向斜褶曲构造及对矿井充水起控制作用的导水断层和有重大威胁的陷落柱范围。

④井田内的井、泉、动态观测孔的位置及有关水文地质参数。

⑤基岩含水层的露头（包括岩溶、掩覆区为曲线），冲积层底部含水层（流沙、砂砾、砂层等）的平面分布状况。

⑥地表滑坡、塌陷位置。

⑦地下水分水岭、控制水文地质单元的阻水断层。

⑧地形等高线、地质界线、地层产状，探煤孔及水文孔，勘探线剖面位置，井下主干巷道，回采范围及井下突水点资料。

矿井地形地质及水文地质图一般 2 ~ 3 年修改 1 次。

（3）矿井涌水量与各种相关因素动态曲线图。该图是综合反映矿井充水变化规律、预测矿井涌水趋势的图件。应当根据具体情况，选择不同的相关因素绘制下列关系曲线图：

①矿井涌水量与降水量、地下水位关系曲线图。

②矿井涌水量与单位走向开拓长度、单位采空面积关系曲线图。

③矿井涌水量与地表水补给量或水位关系曲线图。

④矿井涌水量随开采深度变化的曲线图。

（4）矿井综合水文地质柱状图。矿井综合水文地质柱状图是反映含水层、隔水层及煤层之间的组合关系和含水层层数、厚度及富水性的图纸，一般采用相应比例尺随同矿井综合水文地质图一同编制。主要内容有：

①含水层年代地层的名称、厚度、岩性，岩溶发育情况。

②各含水层水文地质试验参数。

③含水层的不同类型。

（5）矿井水文地质剖面图。矿井水文地质剖面图主要是反映含水层、隔水层、褶曲、断裂构造等和煤层之间的空间关系。主要内容有：

①含水层的岩性、厚度，埋藏深度，岩溶裂隙发育深度。

②水文地质孔、观测孔及其试验参数和观测资料。

矿井水文地质剖面图一般以走向、倾向有代表性的地质剖面为基础。

（6）矿井含水层等水位（压）线图。等水位（压）线图主要反映地下水的流场特征。水文地质复杂型和极复杂型的矿井，对主要含水层（组）应当坚持定期绘制等水位（压）线图，以对照分析矿井疏干动态。比例尺为 1 ∶ 2000 ~ 1 ∶ 5000。主要内容有：

①含水层、煤层露头线，主要断层线。

②水文地质孔，观测孔、井、泉的地面标高，孔（井、泉）口标高和地下水位（压）标高。

③河、渠、山塘、水库、塌陷积水区等地表水体观测站的位置，地面标高和同期水面标高。

④矿井井口位置，开拓范围和公路，铁路交通干线。

⑤地下水等水位（压）线和地下水流向。

⑥可采煤层底板下隔水层的厚度（当受开采影响的主要含水层在可采煤层底板下时）。

⑦井下涌水，突水点位置及涌水量。

三、试验方法

（一）抽水试验

1. 抽水试验的目的、任务

抽水试验的目的及任务是：确定含水层及越流层的水文地质参数；确定抽水井的实际涌水量及其与水位降深之间的关系；研究降落漏斗的形状、大小及扩展过程；研究含水层之间、含水层与地表水体之间、含水层与采空积水之间的水力联系；确定含水层的边界位置及性质（补给边界或隔水边界）；进行含水层疏干或地下水开采的模拟，以确定井间距、开采降深、合理井径等设计参数。

2. 抽水试验的类型

根据不同勘探阶段对布孔数量、试验要求和资料精度要求的不同，以及地质条件的复杂多样性，抽水试验可分为以下类型。

（1）根据抽水试验井孔的数量，划分为单孔、多孔和干扰井群抽水试验。

单孔抽水试验只有一个抽水孔，水位观测也在抽水孔中进行，不另外布置专门的观测孔。单孔抽水试验方法简单、成本较低，但不能直接观测降落漏斗的扩展情况，一般只能取得钻孔涌水量及其与水位降深的关系和概略的渗透系数。只用于稳定流抽水，在普查和详查阶段应用较多。

多孔抽水试验是由一个主孔抽水，另外专门布置一定数量的水文观测孔。它能够完成抽水试验的各项任务，可测定不同方向的渗透系数、影响半径、降落漏斗形态及发展情况、含水层之间及其与地表水之间的水力联系等，所取得的成果精度也较高。但需布置专门的观测孔，其成本相对较高，多用于精查阶段。

干扰井群抽水试验是在多个抽水孔中同时抽水，造成降落漏斗相互重叠干扰，另外，布置若干观测孔进行水位观测。按规模和任务，可分为一般干扰井群抽水试验和大型群孔抽水试验。

一般干扰井群抽水试验是为了研究相互干扰井的涌水量与水位降深的关系；或因为含水层极富水、单个抽水孔形成的水位降深不大、降落漏斗范围太小，则在较近的距离内打几个抽水孔，组成一个孔组同时抽水；或为了模拟开采或疏干，在若干井孔内同时抽水，观测研究整个流场的变化。由于这种试验成本较高，一般只在水文地质条件复杂地区的精查阶段或开采（疏干）阶段使用。

大型群孔抽水试验是在一些岩溶大水矿区水文地质精查阶段（或专题性勘

探）中使用的一种方法。一般由数个乃至数十个抽水孔组成若干井组，观测孔很多，分布范围大，进行大流量、大降深、长时间的大型抽水，形成一个大的人工流场，以便充分揭露水文地质边界条件和整个流场的非均质状况。这种抽水试验成本较高，采用时应慎重考虑，一般仅用于涌水量很大、边界条件不清、水文地质条件复杂的矿区。

（2）按抽水试验所依据的井流理论，可分为稳定流和非稳定流抽水试验。

稳定流抽水试验是抽水时流量和水位降深都相对稳定、不随时间改变的试验。用稳定流理论分析含水层水文地质特征、计算水文地质参数，方法比较简单。由于自然界大多是非稳定流，只在补给水源充沛且相对稳定的地段抽水时，才能形成相对稳定的似稳定流场，故其应用受到一定限制。

非稳定流抽水试验是抽水时水位稳定或流量稳定（一般是流量稳定，降深变化）的试验。用非稳定流理论对含水层特征进行分析计算时，比稳定流理论更接近实际，因而具有更广泛的适用性，能研究的因素（如越流因素、弹性释水因素等）和测定的参数（如渗透系数、导水系数等）也更多。此外，它还能判定简单条件下的边界，并能充分利用整个抽水过程所提供的信息。但其解释计算较复杂，对观测技术要求较高。

（3）根据抽水井的类型，可分为完整井和非完整井抽水试验。

完整井抽水试验和非完整井抽水试验分别指在完整井中和非完整井中进行的抽水试验。由于完整井的井流理论较完善，故一般应尽量用完整井做试验，只有当含水层厚度很大且又是均质层时，为了节省费用，或为了研究过滤器的有效长度时才进行非完整井抽水试验。

（4）根据试验段所包含的含水层情况，可分为分层、分段及混合抽水试验。

分层抽水是指每次只抽一个含水层。对不同性质的含水层（如潜水与承压水）应采用分层抽水。对水文地质参数及水质差异较大的同类含水层，也应分层抽水，以分别掌握各含水层的水文地质特征。

分段抽水是在透水性各不相同的多层含水层组中，或在不同深度透水性有差异的厚层含水层中，对各层段分别进行抽水试验，以了解各段的透水性。有时也可只对其中的主要含水段进行抽水，如厚层灰岩含水层中的岩溶发育段。这时，段与段之间应止水隔离，止水处应位于弱透水的部位。

混合抽水是在井中将不同含水层合为一个试验段进行抽水，各层之间不加以止水。它只能反映各层的综合平均状况，一般只在含水层富水性较弱时采用，或当各分层的参数已掌握，只需了解各层的平均参数，或难于分层抽水时才采用混合抽水试验。混合抽水较简单，费用较低。目前已有一些用混合抽水试验资料计算各分层参数的方法，如利用逐层回填多次抽水试验资料，计算各分层渗透系数的近似值。也可利用井中流量计测定混合抽水时各分层的流量，以计算分层参数。混合抽水试验如需布置观测孔时，则应分层设置。

（5）根据抽水顺序可分为正向抽水和反向抽水试验。

正向抽水是指抽水时水位降深由小到大，即先进行小降深抽水，后进行大降深抽水。这样有利于抽水井周围天然过滤层的形成，多用于松散含水层中。反向抽水是指抽水时水位降深由大到小。抽水开始时的大降深有利于对井壁和裂隙的清洗，多用于基岩含水层中。

3.抽水试验的场地布置

布置抽水试验场地，主要是主孔与观测孔的布置。根据抽水试验的任务和当地的水文地质条件，首先要选定抽水孔（主孔）的位置，然后进行观测孔布置。

（1）抽水孔的布置。抽水中心的选择直接影响试验工程效果。在群孔和孔组抽水工程设计中，一般应把抽水孔布置在初采区和富水地段，还要考虑利用抽水孔查明向矿床充水的可能水源和通道，如矿区主要含水层富水性、断裂构造、岩溶发育、地表水体与地下水体的水力联系等。

（2）观测孔的布置。一般情况下，第四系地层发育地区观测孔布置在抽水孔旁即可。如为准确求参数，应根据含水层边界条件、均质程度、地下水的类型、流向及水力坡度等，将观测孔布置成 1 ~ 4 条观测线。

此外，对群孔抽水试验，其观测孔布置应能控制整个流场，直到边界。非均质的各个块段也应有观测孔。对某些专门目的的抽水试验，观测孔的布置则可不拘形式，以解决问题为原则。如研究断层的导水性时，可将观测孔布置在断层的两盘；为判别含水层之间的水力联系时，可分别在各个含水层中布置钻孔；在研究河水与地下水的水力联系时，观测孔应布置在岸边。

对于基岩地区观测孔的布置，由于基岩地区观测孔孔深一般都较大，施工周期长，因此，在布置时需慎重。一般应遵循的原则有：观测孔布置在地下水主要补给方向上，可清楚地反映出降落漏斗形状和扩展方向。观测孔布置在与矿床充水有关的供水、隔水边界（断层、弱透水层、地表水体等边界）内外，以查明边界的透水和阻水能力。为查明矿区内主要含水层的非均质性，可考虑在不同的透水部位分别布置观测孔，以获得各向异性的数值。在隐伏岩溶矿区的"天窗"地段，为了解其渗透补给量和预计出现塌陷地点，需布置观测孔。在地下水天然露头点附近布置观测孔，用以观测由于人为因素而引起地下水倒流和补给半径扩展情况。

观测孔的数量取决于矿井规模、抽水试验目的和水文地质条件复杂程度及勘探阶段。一般来说，碎屑岩地区孔距可小些；岩溶发育地区孔间距可以适当大些。

4. 稳定流抽水试验的技术要求

稳定流抽水试验，在技术上对水位降深、水位稳定延续时间和水位流量观测等方面有一定的要求，以保证抽水试验的质量。

（1）水位降深的要求。抽水试验前测定的静止水位与抽水时稳定动水位之间的差值，称为水位降深。为了保证抽水试验的质量和计算要求，水位降深次数一般不少于三次，且应均匀分布，每次水位降深间距不应小于3m。若由于条件限制而达不到上述要求时，最小降深不得小于1m，三次水位降深的间距不小于1m。

（2）水位、流量稳定时间的要求。稳定流抽水试验，当抽出的水量与地下水对钻孔的补给量达到平衡时，动水位即开始稳定，其稳定延长的时间，称稳定延续时间。在进行矿区水文地质勘探时，单孔稳定流抽水，每次水位、流量稳定时间不少于8h；当有观测孔时，除抽水孔的水位、流量稳定外，最远观测孔水位要求稳定2h。供水水源孔的抽水要求比勘探水文孔高，动水位和流量的稳定延续时间要求比较长。在了解含水层之间或地下水与地表水之间的水力联系以及进行干扰孔抽水时，稳定时间也应适当延长。如果含水层补给条件良好，水量充沛及水位降深比较小时，稳定时间可适当缩短。如果含水层补给来源有限，且储存量不多，抽水时水位降深一直无法稳定，呈缓慢下降，则要求一次抽水延续时间适当延长。在岩溶地区抽水时，由于岩溶通道、地面坍塌等变化使水流受到影响，涌水量可能时大时小，不易稳定，稳定时间也应适当延长。

（3）静止水位、恢复水位及水温的观测。在进行抽水试验前，应测定抽水层段的静止水位，用以说明含水层在自然条件下的水位及其运动状况。抽水试验结束后，要求观测恢复水位，用以说明抽水后含水层中水位恢复的速度和恢复程度。通常要求达到连续3h水位不变；或水位呈单向变化，连续4h内每小时升降不超过 1cm；或水位呈锯齿状变化，连续 4h 内升降最大差值不超过 5cm 时，方可停止观测。若达不到上述要求，但总观测时间已超过 72h，亦可停止观测。

观测恢复水位，是校核抽水数据和计算水文地质参数的重要资料。若恢复水位上升很快，且迅速接近静止水位时，说明含水层透水性好、富水性强，具有一定的补给来源；反之，恢复水位上升速度很慢，经过较长时间仍不能恢复到静止水位时，说明含水层补给来源有限，裂隙连通性不好，透水性差，富水性弱。

抽水期间要按规定观测水温，一般每 2h 应观测一次。

5.抽水试验的现场工作

抽水试验现场工作，包括抽水前的准备工作和试验过程中的观测、记录等。

（1）准备工作。为了保证抽水试验顺利进行和观测资料的准确性，应认真做好试验前各项准备工作。抽水前应认真检查抽水设备、排水系统、流量观测器具、水位测量器具及各种记录表格的准备情况等。要求将井壁及井底岩粉或井壁泥浆冲洗干净，洗孔时间一般不受限制，直到返出孔口的水清净为止。洗孔后，按要求观测静止水位。受潮汐影响的地区，观测时间不少于 25h。应做一次最大的水位降深的试验抽水，以初步了解水位降深值与涌水量的关系。试抽过程的全部资料，应有正式记录。

（2）现场试验观测和记录。抽水试验开始后，应同时观测抽水孔的动水位和流量。观测孔水位应与抽水孔水位同时观测。采用稳定流抽水试验，开始时应每隔 5 ~ 10min 观测一次，连续 1h 后可每隔 30min 观测一次，直至抽水结束。非稳定流抽水试验，开始时应加密观测，时间间隔短，观测次数多（具体按前述非稳定流抽水试验的技术要求进行）；300min 后，每隔 30min 观测一次，直至结束。一般采用定流量抽水，用定流量箱控制效果较好。

抽水试验结束后，应用抽水孔和观测孔同时观测恢复水位，观测时间开始时一般按 1min、2min、2min、3min、3min、4min、5min、7min、8min、10min、15min 的间隔观测，以后每隔 30min 观测一次，直至水位恢复自然。在抽水过程中，水温、气温应每隔 2h 观测一次，其精度要求为 0.5℃。在观测水温时，温度计应在水中停留 5min。水样应在最后一个降深结束前按要求采取。

（二）井下放水试验

（1）放水试验在试放水的基础上，编制放水试验设计，规定试验方法、各次降深值和放水量。

（2）做好放水试验前的准备工作，固定人员，检验校正观测仪器和工具，检查排水设备能力和放水路线。

（3）放水前，在同一时间对井上下观测孔和出水点进行一次水位、水压、涌水量、水温、水质的观测（测定）。

（4）放水试验延续时间，可根据具体情况确定。当涌水量、水位难以稳定时，试验延续时间一般不少于 10 ～ 15d。选取观测时间间隔应考虑到非稳定流计算的需要。中心水位或水压必须与涌水量同步观测。

（5）观测数据应及时登入台账，并绘制涌水量——水位历时曲线。

（6）受大水威胁的矿井，可根据条件采用穿层石门或专门凿井进行相似疏干开采试验。

（三）注水试验

（1）对于因矿井防渗漏进行岩石渗透性研究或含水层水位很深无法进行抽水试验，可以进行注水试验。

（2）要根据透水岩层的岩性和孔隙、裂隙发育深度确定试验孔段，严格做好止水工作。

（3）注水前测定钻孔水温和注入水的温度。

（4）试验前彻底洗孔。

（5）要连续注入稳定水量，以形成稳定的水位。

（四）连通试验

1. 指示剂法

指示剂法是在地下水通道的上游投放各种指示剂，在下游观测取样的方法。投放的指示剂应选用在地下水流动中容易辨别、不被周围介质吸附、不产生沉淀、不污染水质、分析化验及检出比较容易的物质或材料。指示剂可选用木屑、编码纸片、浮标、谷糠等。

试验地段和观测点的选择，应根据岩溶地下水露头，地表岩溶形态，地下暗河和岩溶通道的大致发育方向、长度、水力坡度、水量、流速、径流特点，干流及支流分布等，将观测点布置在地下水流出口处以及指示剂可能通过和有代表性的地段上。

试验方法是在预计的地下暗河或岩溶通道的上游投放指示剂，记录起始时间，然后在各观测点按时取样化验或检验。有的观测点检出指示剂，有的点没有指示剂通过，根据指示剂含量的变化可查明地下暗河或通道的主要发育方向及连通程度。如煤矿井下突水后，为了及时查清突水水源，可采用连通试验。首先在地面布置钻孔，揭露各个含水层，然后分别用指示剂进行试验。通过检测，查明各含水层与突水点之间是否有水力联系。

2. 水位传递法

在地表岩溶发育地段，常分布有竖井、溶洞及地下暗河明流地段。可选择在这些地段的有利位置进行抽、注水试验，测量各观测点的水位及其变化幅度，分析岩溶发育方向及连通程度。

在地下暗河发育地区，地表常分布着呈线状排列或分散的岩溶水点以及明流、暗流交替出现地段。可在明流或线状排列的岩溶水点等有利地段修筑临时堵水堤坝。在水流来水方向上的观测点水位将持续上升，去水方向上的观测点水位将连续下降。经过一段时间，将堤坝扒开，来水方向水位急降，去水方向水位猛升。根据观测点水位消涨情况分析地下暗河发育方向及连通程度。

3. 施放烟气法

在无水或半充水的岩溶通道或溶洞中，为了查明岩溶的发育方向，可在通道进风口处燃烧干柴等能产生大量烟气的物质，观察烟气的去向。施放烟气法在通道长度不大、分支不多、横断面较小、气流畅通的通道中效果较好。

四、矿山水文地质勘探方法

（一）井下高压放水钻孔施工

井下放水试验的目的层多为承压含水层。随着开采深度的增大，水头压力也相应增大，放水钻孔施工中的首要问题是对高压水的控制。为防止钻孔揭露含水层后高压水沿钻杆喷出，给拧卸钻杆带来困难，应该安装防喷异径接头和防止孔口喷水的防喷罩。为防止钻机卡瓦飞射给拧卸钻杆带来危险，应该用井下手动提钻控制器，用以代替钻机卡瓦。为保证在孔内喷射水流压力很大时，仍能将钻具顺利下入孔内，应该采用滑轮加压装置。

（二）矿井物探

一切有条件的大水矿井，都应倡导"物探先行、钻探验证"的勘探程序，以提高勘探工程布置的针对性和勘探技术水平。

1. 常用的物探方法

常用的物探方法如下：

（1）可控源音频大地电磁法。通过利用接地水平电偶为信号源而形成的电测探测法，被称为可控源音频大地电磁，此方法采用了大功率的人工厂源，穿透能力较强、信号稳定且信噪比较高。深度与频率的平方根成反比，与电阻率则成正比关系，在频率不变的前提下，电阻率决定着探测深度的大小，与天然场源相比，可控源音频采用人工厂源激励，会产生一些诸如近区效应、厂源附加效应等影响因素，一定程度上强化了异常的复杂性、增加了异常解释的难度。

（2）采区三维地震勘探。利用炮点和接收网灵活组成面接收技术获得数据网点所需覆盖次数，这就是三维地震了解地下地质构造情况的运用，其本身具有高密度的数据采集和准确空间成像和归位的特点，提高了对地下地质构造复杂多变地区勘探的精确度，通过运用此技术，可对采煤的合并带、分叉以及冲刷缺失带等进行合理及时的预测，对采煤厚度的变化等也可以进行很合理的解释，更可以用来进行主要可采煤层的地下露头位置的查明，对主要采煤层的自然火烧区范围进行严格的圈定，等等，以方便后期采煤生产工作的进行。

（3）瞬间电磁法。在一次磁场的间歇期间利用不同回收二次感应磁场，利用不接地回线发射一次磁场，这就是对瞬间电磁阀的利用，该二次电磁场是由地下良导体因为激励作用引起产生的非稳磁场，此方法具有信息丰富、工作效率高以及探测深度大等优点，基于涡旋场在大地主要是以扩散的形式进行传播的现状，一定程度上会消耗电测能量直接在导电介质中的传播，又因为源下面的局部是其分布范围，使得较低频部分传播的深处一直在扩大，其探测下的深度与覆盖层电阻率和磁矩以及最小可分辨电压息息相关。

（4）井下三维电法勘探。这是基于点电源电场理论而发展出的一种探测方法，在具体的实施中采用高密度电法仪的探测方法测量一圈工作面巷道，进而根据观测到的数据等来进行工作面底板视电阻值的计算，也可以进一步形成对三维成像的解释，对煤层附近的低阻富水区进行预测。以山东一煤矿开采单位的实施为例，曾探测带工作底板以下 280m，可运用此方法很好地进行工作面的超前预报，然而在后续的三维数据分析表明，应与地层状结构相符的视电阻率分布却被扭曲成求球面层状结构后，这就说明，地质规律与探测结果不相符，也使得其探测分辨率不高，所以要在后续的探测中重新建立数学模型，进而形成本地区适用的地球物理探测方法，更好地推进煤矿井下的安全生产。

（5）音频电透视。根据电源电场理论形成的音频电透视是一种常用的探测方法，类似于无线电抗透，用于探测工作面底板一定范围内的低阻腹水异常，经过大量的实验探测，发现每次都预报多处异常，但没有捕捉到任何灾害异常，这就需要相关的实施单位，应深入了解其探测原理，对核心技术进行良好的掌握，进而促进煤矿地下生产的合理进行，为我国的煤炭资源的勘探开采作出重大的贡献。

物探技术在煤矿井下生产中的应用是一项复杂的系统性工程，需要相关的管理人员和技术人员共同来完成，并针对不同的地质结构和物性条件等因素使用不同的探测方法，准确地预测煤矿的地质现象，经过对探测数据的整合研究分析，及时有效地进行相关的地质灾害的预防，进而更好地推动煤矿井下生产的进行。

2.矿井物探技术的特点

矿井物探作为一种地球物理勘探技术，正适合于我国复杂的地质构造模式与含煤地质特征。它的每个特点都决定了其服务于煤炭安全生产的重要性。

（1）物探响应敏感。当探测设备处于井下底层进行物探工作时，它会根据目标体的距离来反映其物性的异常，类似于援救设备的生命探测仪。它可以预先发现地质问题并反馈给井上的技术人员，帮助技术人员对物探工作提前做出判断和处理对策。

（2）指导开采工程。由于物探技术可以具体细化地分析矿井下所有特殊地质煤层的特点并迅速反馈，这对于开采工程具有很有价值的指导意义。

（3）探测范围大。物探技术具有极大的探测范围，它可以探测煤矿断层、煤层形态及厚度变化，保证了煤炭开采的准确性；它也可以测量煤炭煤层的稳定性、灾害性体制构造和带压水的实际位置，这为开采工作提供了良好的安全基础。物探技术所发现的问题对于机械开采很有帮助，它能够最大限度地帮助机械设备顺利开采，减少不必要的损失。

（4）物探技术成本低、适应性强。目前物探技术所采用的物探仪相比起传统的地震法和电磁法具有成本低的特点。而且它的探测能力强且影响小，去除了传统方法笨拙且不精确的缺陷，能够灵活有效地帮助开采团队顺利完成开采前的所有工作。目前所使用的物探仪能够适应矿井下作业的高温、高湿、易爆等危险恶劣环境。

（5）探查精度高。它能够满足机械化对开采工作中精度的高要求。例如，无线电波坑透法能够细致到有效测出 40cm 的小断层，矿井直流电法能够定量超前探测 100m 范围内的含水导水构造位置，其误差小于 5%，具有相当高、精、尖的技术能力。

3. 物探技术控制矿井水的运用

当使用矿山的综合物理勘探技术来预防和控制矿井中的水时，综合因素包括矿山的地质条件，探测区域的物理特性差异以及探测区域，包括探测深度等这些因素都需要考虑全面的选择，选择最适合矿山实际情况的物理勘探技术。

（1）矿山地面勘探。为了预防和管理矿井中的水，有必要首先对地下进行调查以促进水的预防和管理。在开始预防和管理矿井水之前，"停止"所有可能导致洪水安全事故的因素。基于丰富的预防和管理煤矿的实践经验，以及煤矿的地质因素和影响煤矿开采和生产的地表特征，在矿井防治水的过程中可以使用 3D 地震方法。在矿井中，这种方法使得矿井中的空白区域无处可逃，也可以达到严格控制矿井的地面结构和煤层特性并最终提高矿井勘探水平的目标。

（2）地下矿山的勘探。采矿区的地下采矿可避免地质灾害，并防止地下水流入危险区域，在矿区，矿山的综合物探技术在地表勘探中起着重要作用。它可以确保地下采矿作业的顺利进行。万一地下矿井发生水安全事故，可以使用综合了直流、水化学和钻井技术的综合矿井物理勘探技术，以确定对地下水源、水道和含水量对矿井结构的影响程度，可以保障水事故中地下矿山工人的人身安全和地下物体的安全。对于地下矿井，我们将整合物理勘探技术，并将其与电气勘探技术和钻井技术相结合，以发现通过地下矿井发现的异常区域，找出异常原因，并防止地下水渗入。

（3）检查矿山断层的透水系数。煤矿工人可以将三维地震和电法勘探结合起来，选择综合的物理勘探技术，从而解决检测矿井断层穿透系数的问题。可以先使用三维地震勘探技术来检测煤矿中煤层的顶角，然后使用电法探测技术来简化从煤矿获得的二维地震数据，可以减少无用数据对测量和测量精度的影响，因此，采取预防措施解决测量问题是确保测量精度的有效方法。施工人员要让设备保持完整的性能和精确性，这是测验师在下井之前必须完成的一项任务。地勘公司需要提高工程师的测量技能，技术人员作为测量工作的主要角色，测量技术的运用对结果的得出有着直接影响。因此，相关企业一定要对员工组织定期培训，对相关技术人员进行有效的监督和管理。另外，也要将测量线和测量点的精准度提高，尽量将测量的误差缩小。

（三）化探

化探技术是利用微量元素分析、气体成分分析、溶解氧分析，和放射性元素、环境同位素等对矿井含水层的水化学特征研究，用数学地质方法分析整理水化学资料。

（四）地温测量

利用钻孔测温曲线的梯度变化确定含水层的含水段；利用不同钻孔水温梯度的变化划分地下水的补给、径流和排泄区；利用不同含水层的水温差别判断含水层的补给关系；利用断层两盘钻孔中同水平点的温差相同、断层一侧不同钻孔的测温曲线梯度变化的深度不同判断断层的导水性。

（五）底板破坏深度探测技术

底板破坏深度的观测方法有钻孔压（注）水、钻孔声波测井、电磁波法、钻孔成像、顶底板相对移近量、单体支柱压力、钻孔相对地应力测量、音频大地电场法等，根据实测资料分析研究采动、矿压对底板破坏的深度。

第三节　矿山水文地质评价

一、在建和生产矿山

（一）在建矿山水文地质评价

1. 评价主体工程地段的层位稳定性

查明影响施工的构造破碎带、岩性薄弱带、流沙涌泥段和岩溶强烈发育带等，强径流地带、强富水地段等水文工程地质问题。

2. 施工过程水文地质评价

（1）根据原矿区物探资料，收集竖井、斜井、平巷、运输线路、供电线路、供水线路、尾砂坝、尾砂库等基建工程的水文工程地质资料，进行水文工程地质安全分区。

（2）对施工可能出现的水害做出预测，以便制定探、排水制度，和堵水材料设备准备、人员与设备安全保障措施等。

（3）要求进行井巷水文工程地质测绘，并绘制水文地质图。

（4）当发现原水文地质勘探程度不够，不能满足在建施工需要时，进行补充水文地质调查或补充水文地质勘探工作。

（二）生产矿山水文地质评价

（1）评价矿床开采后水文地质条件的变化。

①查明矿床充水水源、通道及充水强度等充水条件的变化。

②矿床充水水源及其影响因素，主要来水方向，补给水源，补给边界，开采条件下可能发生的变化。

③矿床充水通道及其影响因素，通道类型及控制条件，强裂隙或强岩溶发育

等赋存规律，岩溶发育规律，塌陷分布预测，采动导水裂隙带发育预测等。

④隔水层底板赋存规律及其隔水程度、稳固性、厚度、分布和埋藏特征及可能发生的变化等。

⑤查明实测矿坑涌水量，其与采深、采空面积或主要井巷长度等因素之间的关系；矿区水文地质长期观测成果所验证和新发现的矿区水文地质和工程地质问题等。

（2）矿床疏干效果，疏干引起的不良后果，矿山采取的对策，经验与教训总结等。

（3）矿坑涌水量的预测值和实测值对比，产生误差的原因分析；矿山防治水措施，完成的工作量，防治水效果，使用的设备和仪器，值得推广的先进技术和经验等。

（4）历次重大灾害性事故及其处理方法、效果；矿山开采过程中所作的突水条件分析及突水预测，预测成功率，经验与教训总结。

（5）矿坑水综合利用、矿山供水、复垦还田、矿坑酸性水处理等方面的技术措施和成果。

（6）坑道水文地质编录，探放水钻孔、井巷编录，防治水工程水文地质编录等原始水文地质编录工作量和质量评价。

（7）矿区水文地质长期观测工作的方法和工作量，以及质量评价。

（8）矿山开展专门性水文地质工程地质研究、矿床水文地质综合性研究的成果。

二、关闭矿山（尾矿）

（一）评价各个时期矿床水文地质

系统收集整理矿床水文地质勘探、矿山基建、矿山开采等各个时期所积累起来的水文地质、工程地质资料，包括实物资料、文字资料，各种图件和表格（台账）资料。

（二）评价矿山防治水

汇集各个时期矿山防治水工程设计资料，及其在施工、运行过程中所完成的技术总结和专题研究成果资料。

（三）评价矿坑水综合利用

收集和整理矿山各个时期所进行的有关矿坑水综合利用、复垦等方面的技术总结和成果资料。

三、矿山排水、供水综合水文地质评价

（一）地下水位下降

过量抽排地下水导致地下水系统水位持续下降，水源枯竭，破坏天然平衡状态，形成地下水水位降落漏斗。当开发量接近或小于补给量时，水位降落漏斗只随季节性气候变化而周期性变化，漏斗中心水位基本保持不变或有回升；当系统的开发量超过补给资源量时，地下水水位就开始持续不断下降，有时在丰水年份也回升甚小。

（二）矿山供排水导致的泉衰竭问题

盲目不合理开采和煤矿山长期大流量排水，地下水系统的被超量开发，地下水水位降落漏斗的相互袭夺、干扰和破坏，轻则大幅度减小名泉的正常泉水排泄量，重则使它们干枯断流，严重地破坏了自然景观与生态环境。

（三）矿山供排水导致的地面岩溶塌陷地灾

矿山大量排水和矿区周围大流量地开采喀斯特地下水资源时，岩溶地下水水位会急剧大幅度下降；空隙等空间扩展到一定程度，导致松散层下沉、地表开裂和塌陷洞等；喀斯特含水层地下水位的周期性回升和下降，形成连续的地下动力水流，对上覆松散孔隙含水层不断产生冲刷、搬运和机械潜蚀作用，促使岩溶塌陷洞的进一步发展和扩大。

（四）矿井污水地面排放导致的环境地质问题

（1）矿山开采过程中，涌入矿井的地下水会受到与开采有关的各种因素的污染，污染物质主要包括废机油、废酸液、煤尘、煤粉和病原菌等。

（2）矿井水接受地表水的补给时，还可能被农药液和工业废水所污染，工业废水主要包括有机磷、酚、醛等有毒物质。

（3）若矿井与储积酸性水的老窑相连通，矿井水将受到酸化的污染。

（4）当采煤层含有黄铁矿或为高硫煤时，矿坑水多变为酸性水。

第三章　环境同位素技术

第一节　环境同位素在水文地质学中的应用

一、同位素与环境同位素

（一）同位素

1.同位素的定义

同位素是具有相同数量质子和电子的原子，但它们的原子核中有不同数量的中子。化学元素的特征使得元素具有不同的化学性质。例如，碳与硫化学性质的不同，是由其核中的质子数差异造成的。电子的数量和它们的量子力学状态，决定了化学元素所形成化学键的性质和数目。给定元素的同位素含有相同数量的质子（和电子），因此，具有相同的化学特性，但它们含有不同数量的中子，所以具有不同的原子质量。几乎所有 92 个自然存在的化学元素都有一种以上的同位素形式，除了包括氟和磷在内的 21 种元素，它们具有单同位素特征。这些同位素中绝大多数是稳定同位素，且都由一种以上的稳定同位素组成。

2.同位素的分类

目前，地球上的同位素根据半衰期的长短分为三类：

（1）同位素的半衰期特短，目前的仪器测不出。虽然它们可能在前太阳系期间丰度高，但是这些同位素目前已测定不到，目前仅可以测定出它们的子体同位素，这些子体同位素被认为是稳定同位素。

（2）同位素的半衰期特长，目前的仪器测不出其同位素组成的变化，它们也被认为是稳定同位素。

（3）同位素的半衰期介于前两类之间，目前的仪器可以测定出其同位素组成在发生变化，这类同位素被称为放射性同位素。

上面所述的第（3）类同位素被称为放射性同位素。上面所述的第（1）和第（2）类同位素被称为稳定同位素。

放射性同位素和稳定同位素定义如下：

放射性同位素：原子核不稳定，能自发进行放射性衰变或核裂变，而转变为其他一类核素的同位素称为放射性同位素。

稳定同位素：原子核稳定，其本身不会自发进行放射性衰变或核裂变的同位素。在元素周期表中，原子序数 Z（或核内质子数）>82 的元素均为放射性元素，因为其原子核内中子数多于质子数，呈不稳定状态。Z<82 的元素大多为稳定元素，但也有例外。在目前已知的天然核素中，稳定同位素有 270 多种，放射性同位素有 60 多种。

核素是以有特定质子数、中子数和核的能态为标志的原子核。核素的稳定性有几个重要规则，其中的两个如下：第一称为对称规则，它表述为，在一个低原子序数的稳定核素中，质子数近似等于中子数，或中子与质子之比（N/Z）近似等于 1。在稳定核素的质子数大于 20 时，N/Z 比总是大于 1，对于最重的核素该比值最大可达 1.5。由于随着质子数的增加，核内正电荷质子电库仑排斥力迅速增加。为了维持核内稳定性，核内 N/Z 比增加。第二称为 Oddo–Harkins 规则，它表述为，偶原子序数核素的丰度比奇原子序数的核素的丰度高。

3. 核内性质与核外性质

（1）核内性质：由核内的质子和中子数目，以及质子和中子数目之间的比例所决定的性质叫核内性质。

核内性质决定了同位素的以下性质：①原子质量；②放射性（放射性衰变和放射性裂变）。

核内性质是原子核固有的性质。一般的外部地质环境与条件的变化不会引起核内性质的改变，即质量数、天然放射性衰变或裂变的半衰期均不受影响。这是稳定同位素示踪的基础条件之一。可以更清楚地说，在地球形成过程中，以及其后的所有阶段，如地核的形成阶段、壳—幔分异阶段，岩浆的部分熔融和分异结晶、构造作用，地表的各种风化和侵蚀作用等都不会影响核内性质。

在特殊的条件下，如太阳内部核聚变反应，超新星爆炸，以及人造核裂变或核聚变反应中才可能引起核内性质的变化。

（2）核外性质：由核外电子的数量和分布所决定的性质叫核外性质。这即通常所讲的元素性质，它表现为不同元素之间的化学性质上的差别。

各种地质作用对于核外性质即化学性质都会有影响，包括各种化学反应的发生、元素的化学性质的变化等。

4.同位素分馏

同位素分馏定义：同位素以不同比例分配于不同物质或物相的现象。同位素分馏是同位素效应的一种表现。

对于无机物质，产生同位素分馏现象主要是同位素交换反应和动力学过程。同位素交换反应是指没有实际的化学反应的一种平衡状态，但是在这种平衡状态下，不同的化学物质之间，在不同相之间，或者在不同分子之间，同位素比值不同。动力学过程主要取决于同位素分子反应速率上的差别。对于生物物质由于一些生理过程如光合作用和呼吸作用等，会产生同位素分馏。

从严格意义上讲，在周期表中所有元素的不同种同位素由于其质量上存在差别，在自然界的各种物理，化学和生物的反应和过程中都会发生同位素分馏。这些反应和过程包括蒸发作用、扩散作用、吸附作用、化学反应、生物化学反应等。同位素分馏的大小往往与物质的组成结构、如矿物的化学组成和矿物结构等有关，同时受外部条件如温度、压力等的影响。正如自然界没有绝对意义上的稳定同位素一样，同位素分馏无处不在，问题在于：第一，分馏程度不一；第二，目前实验仪器是否可以检测出来。

同一元素的不同种同位素之间，仅仅是质量上有差别，而核外电子排布完全一样，化学性质完全一样，在元素周期表中占同一方格位置。

就目前人类的研究程度，一般将同位素分馏分为两类：同位素平衡分馏和同位素非平衡分馏。

（1）同位素平衡分馏：不同物质或物相间的同位素比值达到恒定不变时，即达到了同位素平衡状态，这种状态的分馏称为同位素平衡分馏。

同位素平衡分馏与分馏机制、同位素交换速率、压力等都无关，仅仅与温度有关。同位素平衡分馏的研究只考虑过程的始态与终态，对其演化过程及时间不予考虑。

同位素平衡分馏可以包括许多机理很不相同的物理化学过程，但这些过程都最终达到同位素组成的平衡状态。一旦同位素平衡状态建立后，只要体系的物理化学性质不发生变化，则同位素在不同矿物或物相中的组成就维持不变，这是同位素平衡分馏的特点。当体系处于同位素平衡状态时，同位素在两种矿物或物相中的分馏称为同位素平衡分馏，此时的分馏系数为平衡分馏系数。

（2）同位素非平衡分馏：是指同位素的交换偏离平衡分馏的现象。

实际上某些特定的物理、化学、生物化学反应会产生偏离平衡分馏的现象。

动力学分馏是同位素非平衡分馏中的一种。其一般特点是：它除了与温度有关外，还与交换时间（即反应速度）和交换机理等有关。在动力学分馏过程中，同位素在不同物相中的分配随时间、反应程度和反应机理不同而变化。

例如，在研究某一地质体时，根据在相同或相近温度晶出的两组或两组以上矿物对的值计算的同位素温度不一致。在矿物形成时，先结晶出的晶体同位素组成与后晶出的晶体同位素组成有差别。这就涉及动力学同位素分馏。同一海水中不同种属生物形成的壳体碳酸钙的同位素组成不同，这都涉及同位素非平衡分馏。

（二）环境同位素

环境同位素是指在环境介质中广泛存在的自然产生的同位素，如氢、氧、碳、氮、铁等，它们是水文、地质及生物系统中的基础元素，并参与各种地球化学和生物地球化学循环。由于同位素之间显著的质量差异，在上述过程中发生的同位素分馏显著可测。环境同位素既包括稳定同位素，也包括放射性同位素。稳定同位素一般用作分析地下水成因、流动和环境因素影响的指示剂；放射性同位素主要用于确定地下水年龄。

二、环境同位素的水文地质应用

（一）环境同位素通常可以解决的水文地质问题

同位素水文地质学的基本原理是以大气输入同位素的特征作为输入函数，通过已知改变这种同位素特征的各种物理和化学作用，识别地下水系统的各种信息。

综合研究地下水中稳定同位素、放射性同位素及其水化学组分，可解决有关的水文地质问题，见表3-1所示。

表3-1 环境同位素通常可以解决的水文地质问题

阶段	可以解决的水文地质问题
地下水资源调查及评价	（1）调查水文地质参数。了解含水层结构，估算渗透系数，重建古水文条件。 （2）评价含水层天然补给和排泄。追踪水循环和溶解物质迁移、确定补给源和补给区、估算补给强度和排泄强度、确定不同水体的年龄和流动路径、评价地表水和地下水的相互作用。 （3）调查古水的分布及其变化，估算资源的可利用性
地下水资源开发管理	（1）地下水污染调查。识别污染源和污染过程、评价含水层对污染的脆弱性。 （2）指示地下水过量开采。评价地下水盐化、开发的负效应，以及地下水的可持续性。 （3）评价地下水人工补给，评估方案的有效性，识别最适宜的场地。 （4）评价废水再利用对地下水的影响

（二）硫同位素的应用

1.硫同位素在水文地质中的应用

应用硫同位素方法解决的主要水文地质问题有：

（1）探索和判定地下水的起源和成因。

（2）判断地下水的现代补给来源。

（3）确定地下水年龄（在含水层中平均贮留时间）；地下水的年龄在一定程度上反映了细菌硫酸盐还原反应的作用时间，在地下水的还原区，地下水年龄越老，地下水中硫酸盐受到细菌还原作用的时间越长，还原程度也相应越强烈，因此 $\delta^{34}S_{SO4}$（δ 为加权平均值）越偏正。

（4）判定地下水与地表水流及水体间的联系。

（5）确定含水层补给区的海拔高度。

（6）确定不同含水层间的水力联系；地下水的赋存环境在其径流过程中逐渐由氧化环境过渡到还原环境并最终进入强还原环境。地下水中的硫酸盐在氧化还原环境的演变过程中逐渐被含水层中的硫酸盐还原细菌所消耗，剩余的硫酸盐中越来越富集重同位素（^{34}S），因此，地下水 $\delta^{34}S_{SO4}$ 值在空间上的分布规律可在一定程度上指示出地下水的补给与径流方向。

（7）确定各种来源水的混合比例。

（8）通过同位素模型确定污染物来源等。

2. 硫同位素在沉积学中的应用

稳定硫同位素地球化学特征包含了大量的地质信息，在沉积学中有着广泛的用途。现在稳定硫同位素在沉积学中的研究主要涉及以下三个方面：

（1）古海水硫酸盐浓度。

（2）古环境。在古环境研究中，根据硫同位素的变化趋势及其异常情况，结合硫同位素的分馏效应（生物分馏效应和化学分馏效应）相关原理，可以推测当时的海平面变化、氧化还原变化、沉积环境封闭情况及全球硫循环对比。

（3）沉积矿床：①静海沉积矿床；②浅海相沉积矿床。研究原理主要是依据稳定硫同位素分馏及其原因，研究方法主要利用质谱分析。

3. 硫同位素在矿床学中的应用

把硫同位素组成的变异用于地球化学找矿方面，在美国、加拿大等国都进行了一些试验，但从已发表的资料来看，效果并不理想，尚处于探索试验阶段。基于金属矿床与硫的密切关系和硫同位素分馏效应的广泛性，可以期望这一方面的研究工作将会得到应有的重要结果。研究矿物硫同位素主要是对矿物中的硫同位素组成进行研究，分析硫的来源以及成矿的机理。

利用稳定硫同位素可以解决：

（1）用来确定成矿溶液的全硫平均同位素组成，进而判断成矿的硫源和探讨矿床的成因。

（2）成岩成矿物质源区。

（3）计算成矿溶液中水溶含硫化合物之间的硫同位素平衡程度，判断热液溶液的流动方向和估计流动速度、了解矿石的沉淀速度和推测矿脉（体）开始形成至结束所经历的时间。

（4）测定共生矿物对的硫同位素平衡温度，为确定成矿温度和了解矿化历史提供依据。

金属矿床中的硫同位素地质研究对于分辨出热液成因还是沉积成因是极有价值的。对这类矿床成因上长期的争论，说明用一般地质学方法解决这一问题的困难性。生物硫同位素分馏的特殊性为应用硫同位素分析方法解决这类问题创造了优越的前提条件。由于生物细菌参与作用而引起的硫同位素分异结果与内生条件下通过同位素交换反应所造成的同位素变异固然不同。根据不同类型矿床中硫同位素组成的特征，分析对比所得硫同位素组成数据，可能对所研究矿床的矿液来源、矿化过程、矿化阶段的划分等一系列矿床地质问题提出一些有用的论据。在很多情况下硫的同位素成分，可以用来解释含矿溶液来源是一个还是多个的问题。对于含矿溶液可能从不同深度岩浆源的各个部分分离出来的假设，硫同位素地质研究也可以提供一些根据。

总括来说，硫同位素分析方法在研究矿床地质方面正在起着越来越大的作用，并且展现出广阔的发展前景。当前，在应用硫同位素数据时最大的问题在于对同位素分馏效应的机理了解不够透彻，因而时常造成数据解释上的模棱两可的困难境地。因此，必须加强硫同位素地球化学特点的研究工作，为硫同位素在地质学上的应用提供可靠的理论依据。

（三）地水补给中同位素的应用

1. 地下水补给的概念

（1）地下水补给率。这是地下水补给的量化，在单位时段内（如年）地下水得到的补给量。需要设法尽可能准确地估算地下水的天然补给率或简称为地下水补给。这其实是要划定地下水长期安全开采的"红线"：地下水的开采量理论上不允许超过地下水的天然平均补给量。这应该是水资源管理的铁律，否则从长远而言，将会对环境和子孙后代产生严重后果。

一般定义地下水补给是到达地下水面并给地下水库以水分增量的向下水流，或是到达地下水面的向下水分运动。但是对于水文循环地下水补给，不能限定于对潜水的补给。例如，郑州到开封段黄河对于两侧地下水的补给，可达到约 $200 \sim 300\text{m}$ 的深度，已经进入晚更新世地层或已经造成了对于深层地下水的补给，而且在空间上也达到了相当大的范围，这已经超越潜水层是对更深层含水层的补给了。

对于占我国国土面积约 1/3 的干旱、半干旱地区，地下水补给问题需要格外关注。从世界 140 处所报道的地下水补给研究统计，面积由 $40 \sim 374000\text{km}^2$ 的干旱、半干旱地区，其地下水补给率除个别特例外，一般为每年 $0.2 \sim 35\text{mm}$，即只有年平均降水量的约 $0.2\% \sim 5\%$，或为 $0\% \sim 2\%$。那里所使用的主要是不可更新的深层地下水，所以其生态环境特别脆弱，在降水补给的研究方法方面也更需要关心。

（2）需要识别非水文循环补给。水文循环地下水补给是地下水补给的主体。但是，既然存在有地质水文循环的非水文循环源，而又有可能进行识别，因此，在进行地下水补给研究之初就必须在采样等方面有所考虑。本节以下将讨论这方面的内容。为此，我们主张定义地下水补给是从任何方向（向下、向上和侧向）到达任何含水层的水量。这包括了非水文循环成因的地下水补给在内。

（3）地下水水源组成。对于需要开发的尤其是已经发生问题的区域性地下水和含水层，需要设法尽可能准确地识别其起源和组成，这是同位素方法在这一方向上的优势。因而认为地下水补给有平行的两个方面：补给率估算和补给源识别。

这对干旱、半干旱地区尤为重要。对于流域治理、跨流域引水，需要评价对地下水系统主要是对于其水源组成所构成的影响。例如，地处黑河下游的额济纳旗，主要使用深层地下水，为要判断黑河工程会不会对此产生负面影响，需要识别其深层地下水的水源组成及其与工程的关系。对于地下水开采，按规范经抽水试验评价日开采量的常规方法还是不够，还需要识别其地下水水源组成，以判断此开采量是否会"劫夺"其他已有开采井的水源，或甚至造成某些泉的枯竭。此类水源识别结果，作为特定对象的地下水的一个或几个来源，也可以看作该地下水的"补给"。但是，在概念上需要与上述通称补给的补给率加以区别，因为这不是严格意义上发生地下水水量增加的补给了。

2. 地下水的补给类型

对于水文循环成因地下水的补给有各种各样的分类。建议可分为以下三类：

（1）降水补给。指降水经由地面直接下渗进入地下，通过非饱和带并到达地下水面的补给。这是地下水最重要的天然补给。由于降水一般分布在相当大的范围内，所以也称为散布型补给，也称为直接补给或称为净下渗，渗滤（或渗漏）的，还有称为（内部）排水的，都是指地面下渗经过植物根系层以后补给地下水的水分运动。因而，将降水经地面下渗进入地下的统称为地下水的"可能补给"，将实际上能够到达地下水面的称为地下水的"实际补给"。

（2）地面水体补给。指各种天然地面水体的水量经由地面下渗进入地下，通过非饱和带并到达地下水面的补给。河流是最主要的天然地面水体，此外，还有湖泊、水库、洼地水等。相对于上述降水补给而言，天然地面水体对地下水的补给机制是局部的和集中的，因而称为集中型补给或局部型补给。也可将此项归入间接补给，并在上述直接补给和此项间接补给之间，还划出介于其间的另一类，专指那些通过一般是在地下的构造性节理等所形成的补给，也称之为局部型补给。

地面水体其实包括降落在这些水体上的降水，从其地面集水区汇入的降水径流，以及从其地下集水区汇入的地下水径流，它们以不同的组合方式作为地下水的可能补给来源。这样，天然地面水体对地下水的补给其实也还包括了一部分直接来自降水的补给。

以上的降水补给和天然地面水体对于地下水的补给，可合并称为是地下水的天然补给。

（3）人为补给。人为（或人工）补给是相对于上述天然补给而言的，其实应该是"人为干预条件下的地下水补给"，是人为地改变地下水的天然补给条件或补给分布，而并不是制造出来的一个水源。广义而言，这样的人为影响和措施，有正面和负面的两方面。前者是设法使地下水多得到一些补给，后者则是改变地下水补给的天然条件，强迫其服从人为分配，或集中于某些需求。由于需要应对水危机，人为补给地下水的重要性也就日益显著。为此，对于人为补给的研究也应该包括正面和负面两方面：尽量采取属于正面的，对环境和生态有益的措施；抑制或者改造和纠正那些对环境和生态发生负面影响的各种水利工程和措施，如有些水库就是。

由于都市发展，地下水的天然补给条件和补给分布也发生了很大变化，这也属于人为条件下的地下水补给类型范畴。

3. 示踪剂方法

（1）氚（^{3}H 或 T）。大气核试验给环境和人类带来了灾难，但是却给水文研究带来了良机。氚可构成水分子的一部分是其最大优势，因此，可准确无误地示踪水流系统，而且还提供了一个用任何其他方法所不能做到的时间尺度基准。氚只是在水的相变过程中有分馏影响，但一般影响很小可以忽略，在蒸发过程的汽相中会有损失，在非饱和带中往往有扩散影响，因此，也认为氚具有一些非守恒性质。尽管如此，50 年来氚得到了广泛而且是成功的应用，包括在非饱和带中的应用。然而时至今日，由于大规模大气热核试验停止，现在降水中的氚浓度已接近于大气热核试验前的水平。

（2）^{36}Cl。^{36}Cl 是长半衰期放射性同位素。^{36}Cl 在同位素水文学应用中得到迅速发展，主要是由于其检测精度因加速器质谱仪的发展而有了大幅度提高。

（四）地下水年龄测定中的应用

地下水年龄测定是水文地质学的一项重要命题。识别地下水体的标志有两大类：一是赋存条件，二是地下水特性。"年龄"和数量，质量同为地下水基本标志性特性。它既是识别地球上形形色色天然地下水体的重要标志，又是追索地下水起源和演化的坐标轴线。从某种意义上，水文学的主要任务是研究水循环。年龄则是描述地下水循环的基本参数之一。

1. 地下水年龄测定的基本概念

（1）地下水测年的定义。地下水年龄是指水在地下存留的时间，也就是水进入地下这一"事件"至今的时间。但是，不同测年方法测定的"事件"不尽相同，如氚法测定的是大气降水到达地面的事件；^{14}C 法测定的是水与土壤隔绝的事件等。因此，在应用一种具体测年方法时，首先应弄清它测定的是什么事件，这样才能给所测定的地下水年龄下一个确切的定义。

（2）水质点年龄与水体年龄。地下水动力学一般假设渗流场是非混合系统。但是当追踪水质点运动时人们发现，由于流场中存在水力弥散和流线混合，现实中很难找到一滴水是由单一年龄入渗水组成的。含水层的混合能力介于地表某些全混水体和树木年轮、纹泥等非混型固态地质体之间。因此，测定地下水年龄需要区分水质点年龄和水体年龄两种不同的概念。

水质点年龄指单个质点在地下存留的时间。地下水体的年龄则指水体中所有质点的平均年龄，也就是它们在水体中平均存留的时间，数值上等于水体更新交替一次所需的时间。这样一来，地下水测年技术就分成原理完全不同的两个组成部分：一是水质点年龄测定，文献中多简称为地下水测年方法，一般属地球化学范畴；二是水体（平均）年龄的计算，也称水混合模拟，纯属一种数学处理技术。因此，要掌握或开发地下水测年技术，既要具备必要的地球化学修养，也要求有一定的数学知识功底。

2. 地下水年龄测定的方法

（1）碳 –14 法。^{14}C 方法目前应用最广，分溶解无机碳（DIC）和溶解有机碳（DOC）两种。DIC 方法的问题主要是如何建立最佳水文地球化学校正模型。方法误差在 ±20% ~ ±100%，甚至更多。取决两方面因素：一是同位素水文地球化学条件的复杂程度，以及由此决定的"死碳"校正准确性；二是水样的古老程度。DIC 方法测年时间段为 1 ~ 40ka。当死碳只来自 $CaCO_3$ 溶解时，年龄越古老，误差越小；对于 $2 ~ 3 \times 10^4a$ 的水常可达到 $\pm 20\%$ ~ $\pm 30\%$ 的误差。但古老地下水 ^{14}C 浓度低，又存在硫酸盐还原和 CH_4 校正问题，使误差增大。

（2）氚法。氚（^3H）的半衰期是 12.43a。如果它的时空分布比较均匀，本来可以成为十分理想的测年同位素。但遗憾的是，准确恢复一个地区入渗水的氚输入函数是极困难的事。造成困难的因素有：①雨水氚浓度的动态变化（季节变化达 10 倍）；②雨水入渗量的时空变化；③入渗后到达地下水面的时间不等。因此，利用一般简化的模型测定地下水系统的年龄，多数只能得到半定量的评价。

在土壤和含水层中也生成一部分 ^3H。主要作用是 ^{238}U 的天然裂变和 ^6Li 捕获热中子放射 α 粒子生成 ^3H。据研究一般含水层生产 ^3H 不大于 0.5TU，仅个别 ^{238}U 和 ^6Li 富集地带可达 1.5TU。这是和当前测试误差很接近的数量级，一般对氚法测定年龄影响不大。不过当我们发现十分古老的地下水中含有微量氚时，不一定要解释为现代水的混入。寻找无氚水样（做对比用），应注意到 ^{238}U 和 ^6Li 含量低的地区去找。

核爆氚法是氚测年最重要的一种方法，但随核爆氚峰值渐行渐远，这一方法也日渐退出历史舞台。

提高氚法测年精度的一个途径是利用 ^3H–^3He 联合方法。^3He 是一种氦的稳定同位素，地下水中 ^3He 的起源，主要有四种：一是大气 ^3He 溶解于地下水；二是 ^3H 衰变的产物；三是捕获空气泡中的过量空气 ^3He；四是深部热水中地幔成因的 ^3He。对于冷水来说，深部起源的 He 可以忽略不计，大气起源的 ^3He 是一个常数；除可能发生深层 ^3He 富集的深大断裂带外，^3He 总量减去大气起源的 ^3He 并进行过量空气氚校正，便可得出放射成因的 ^3He，即来自 H 衰变的 ^3He。放射起源的 ^3He 与水中 ^3H 之和，应为 ^3H 之初始浓度。因此，同时测定水中 ^3He 和 ^3H 的含量可以提高 ^3H 法测年的精度。为了发展 ^3H 和 ^3He 联合方法，需要对 ^3He 的水文地球化学做深入研究。

放射 ^3He 会从地下水逸散，年龄越老逸失越多。随着核爆氚峰值远去，^3H–^3He 方法的价值也要下降。但有人认为，目前还是有效的。

近年来，北半球雨水氚浓度逐渐降至全球核爆炸前的水平（在 5 ~ 10TU 之间）。这仅比一般检出精度高几倍，用于测年，效果已大为逊色。

（3）氯–36方法。^{36}Cl的半衰期为$3.01 \times 10^5 a$，一般说来与围岩不发生地球化学反应，是$5 \times 10^4 \sim 2 \times 10^6 a$时段理想的测年同位素。问题是雨水中浓度小，解决这一问题的办法之一是提高质谱计的测量精度。Bentley 和 Elmore 等最早开始利用串联式加速器质谱计测定^{36}Cl。此后该方法取得了重大进展。

（4）氪–85。由于人工核反应产生大量^{85}Kr，近50年^{85}Kr在大气中的含量增加了6个数量级。^{85}Kr的半衰期与^3H接近（10.7a）。不同之处是，^{85}Kr在大气中的含量增长速度比较均匀，^{85}Kr输入函数要比^3H简单得多，结果，^{85}Kr法测年要准确得多。在核爆氚峰渐趋平缓的今天，大气中^{85}Kr却稳定增长，^{85}Kr有代替氚成为年轻水测年重要手段的趋势。

（5）碘–129。碘–129是当前大气成因短寿命放射性同位素中寿命最长的一种。其半衰期为$1.57 \times 10^7 a$,适于测定1.5Ma ～ 300Ma时段地下水和石油的年龄。作为一种卤素，碘的地球化学性质与氯相似：碘的起源也与^{36}Cl有相似之处，既有大气成因的，也有地下成因的。因此，其测年原理和氯–36一样也建立在大气成因^{129}I和地下成因^{129}I积累两种计时功能之上。

作为测年手段碘–129有如下两条优点：①大气输入量比较容易确定；②因属卤素，碘对水的亲和性极强，地球化学性质简单，极少被吸附或与阳离子化合沉淀。用加速器质谱计测定时，样品约需2mg碘。只需处理几升（几千克）水样或石油样品即可满足要求。碘–129方法尚处于积极探索阶段，是测定极古老地下水和石油的一种很有前景的手段。

第二节 同位素方法的采样与测试

一、同位素方法选择

根据研究目的、同位素方法的特点和局限性、经济性等选择合适的环境同位素方法。常用的同位素方法，见表3-2所示。

表3-2 不同目的的地下水研究中最常用的环境同位素方法

研究目的	同位素方法
调查地下水补给和排泄	（1）含水层。^3H、^3H-^3He、CFCs、^{36}Cl、^{14}C测年方法。 （2）包气带。^3H、^3H-^3He、核爆-^{36}Cl和Cl剖面方法、^2H和^{18}O剖面、人工示踪。 （3）河流侧渗与排泄。^3H、^3H-^3He、^2H、^{18}O、环境示踪剂CFCs和SF_6方法
调查古补给	（1）确定时间尺度。^{14}C、U/Th、^{36}Cl测年方法。 （2）含水层古补给条件。^2H、^{18}O、^{14}C测年、惰性气体（补给温度）。
调查人类活动影响	（1）农业活动对地下水的影响。地表水入渗、灌溉效应、盐化等选择^2H、^{18}O、^{15}N、^{13}C、^{34}S方法。 （2）地下水污染源调查。溶解有机碳^{13}C、^{15}N、硝酸盐、硫酸盐和磷酸盐中的^{18}O。 （3）城市化对地下水的补给的影响。输水系统的渗漏和废水处理等^2H、^{18}O、^{13}C、^{34}S。 （4）含水层过量开采。地下水咸化研究选择^2H、^{18}O方法，地下水监测选择^3H、^{14}C方法
地下水测年	（1）年轻地下水测年通常采用^3H、CFCs、SF_6、^3H-^3He等方法。 （2）年老地下水测年通常采用^{14}C、^4He、^{36}Cl等方法

二、采样点布设方法与要求

（一）基本原则

（1）根据水文地质条件、问题、调查精度、研究程度及所选同位素方法，并考虑时空变化，布设采样点。

（2）采样点布设应覆盖整个地下水系统及具代表性的降水、地表水采样点。

（3）尽量与现有地下水质观测井网相结合。

（二）采样点布设方法

采样点布设方法见表 3-3 所示。

表3—3　常用的环境同位素采样点布设方法

采样方法	适用性
随机采样	研究程度较低的地区，在调查的最初阶段，为了获得区域地下水同位素宏观分布特征，可以用随机方法预先选择采样点位置。该方法对采样点没有严格的限制，所有位置都平等对待。一般很少使用该方法
分层随机采样	在水文地质条件变化较大的特定地点进行专项调查（如地下水污染调查）时，可以采用分层随机取样布点。每一层样品点利用随机方法确定，对于不同的地层可以选择不同的采样方法。分层随机采样对于评估每一深度间隔同位素特征是很合适的，通常在对研究区了解比较详细时采用。对于同位素测年研究则必须分含水层取样
断面采样	对于大、中比例尺的水文地质调查，最常用的是断面布点方法。该方法沿着地表确定一个或多个断面线，沿着地表剖面线以规则的间距采集样品，也可以沿着某一深度以规则的间距采集。 采样点间距取决于断面线的长度和样品数量，剖面线可以互相平行或垂直。 对于同位素测年研究，必须沿地下水径流方向，从补给区向排泄区布设

布设采样点之前，应收集、分析区域自然水文地质单元特征、地下水补给条件、地下水流向，及开发利用、污染源及污水排放特征、城镇及工业区分布、土地利用与水利工程状况等有关资料。采样点布设要求见表 3-4 所示。

表3—4　采样点布设要求

内容	布设要求
地下水调查采样点布设	（1）一般应以断面布点方法为主，并选择地质背景不同的区域性控制点作为分析问题背景值。断面部署应考虑含水层地质结构，沿断面必须有可以利用的井、泉，这些已有井泉必须能够代表所研究的地下水系统的时空变化。 （2）断面应沿地下水流向布置，多含水层系统应沿不同深度布设数个采样点，垂向上不同含水层均应有样品分布。在条件复杂区、水文地质边界附近宜多投入工作量。河流与地下水相互作用时，应该垂直河流布设点。 （3）地下水样品通常从已经有的钻孔、浅井或泉采集，必须选择成井结构清楚的、水泵类型与安装深度已知的、滤水管长度相对较小的、没有井内混合影响的井采样。 （4）由于样品仅代表的是平均滤水管深度的地下水，要获得参数随深度变化的近似结果，就必须选择在不同深度设分层井及观测井采样，或者通过定深取样器来完成。

续表

内容	布设要求
气降水采样点布设	（1）尽可能采用 IAEA 全球降水同位素监测网络的监测站数据。在缺少 IAEA 监测站的地区，如当地降水变化强烈，如高起伏地区或复杂气候模式地区，或者需要详细了解的地区，需要建立降水监测站。 （2）根据研究区气象、水文、植被、地貌等自然条件，以及城市布局、工业布局、大气污染源位置与排污强度等布设。 （3）降水采样站应尽可能布设在国家气象站网内，结合现有雨量观测站进行。 （4）降水监测站应布设在地下水的补给区。对于大流域地下水研究，应分别在补给区、径流区和排泄区布设降水监测站。

三、样品的采集、保存与测试

在水文地质工作中，通常采集的拟测试样品的同位素项目为 ^{14}C（^{13}C）、^{3}H、D、^{18}O、^{15}N，SF_6（CFCs）、^{4}He（^{3}He）。

水的环境同位素样品采集、保存方法，除应满足常规水分析测试样品采集的一般基本要求外，还必须遵照为同位素测定所需的采样特殊要求（参见第十三章有关表格）。

（1）野外采集水的环境同位素样品，应避免被污染（取水设备污染、大气污染、不洁净容器污染或同位素分馏），保证样品代表性。

（2）小口玻璃瓶为最佳保存器皿，密封状态下可以保存数年；高密度聚乙烯瓶对 ^{2}H 和 ^{18}O 样可保存数月时间。取样瓶的塑料瓶塞或橡胶塞要有油封。新瓶样必须通过注水或称量的方法进行数月时间的水量损失测试。

（3）在野外利用 GPS 系统、地形图（1∶50000）或航片等确定取样点的地理坐标及高程。应记录采样点位置、水源类型、地下水位埋深、采样深度（地下水或地表水的地下深度）、井（泉）的地层结构，以及水温、pH、E_h 值、电导率、碱度、溶解氧、现场化学特征等。水样瓶必须贴上防水标签，并填写项目代码、样品编号、取样日期、取样人、样品类型和分析项目等。

（4）不同水源环境同位素样品采集要求见表3-5所示。

表3-5　不同水源环境同位素样品采集要求

水源	采集方式方法
降水（雨和雪）样采集	用雨量计按周或月采集水样时，应在采样瓶中加入少许矿物油（油膜厚度最小 2mm），防止水样蒸发。采集雪样时，把密封的雪样放在环境温度下自然融化，然后装瓶。同时，记录降水量，以便计算同位素成分的加权平均值
地表水样采集	湖水应同时在近水面位置和深部采取，河水、溪水样应在河流中间或其流动部位采取。在河流交汇处取样时，应在其完全混合后的河段采取
包气带水样采集	土壤中的水分可通过真空抽吸、微蒸馏（仅适用于氢）、沸腾蒸馏、压榨法和离心法等方法采取
地下水样采集	在不常抽水的井（孔）中，应先抽水洗井（孔），抽水量最少超过井筒水体积的两倍，或者抽出的地下水之 E_h 值、溶解氧、pH 等达到稳定状态方可取样。应注意抽水形成降落漏斗时会接受其他水源（如傍河水井）的补给，而污染水样

第三节　同位素数据处理及解释

一、数据解释的基本要求

（一）基本原则

（1）根据研究目的和数据数量选择合适的解释方法。

（2）结合野外实际水文地质条件，联合应用各种同位素和水化学数据解释。

（3）以简明、易懂的方式进行数据整理和表述。

（4）评估和核实采样技术正确性、数据统计的有效性和选择方法的适用性等。

（二）数据的质量和有效性

（1）数据必须系统地相对于一系列标准进行对比分析，以保证数据对于所解决的问题是合适的。

（2）根据野外采样技术与方法、实验室分析测试质量保证措施来评估数据的有效性，包括数据的筛选、校核、审核、核实、确认和评述。

（3）通过不同实验室对比、不同分析方法和仪器设备等来检验实验室数据的有效性，如样品保存时间、仪器设备标定、空白方法、平行样品等。

二、大气降水环境同位素监测数据整理

（一）大气降水同位素平均值统计

大气降水同位素年和月平均值统计采用加权平均值方法，公式为：

$$\delta_W = \frac{\sum P_i \delta_i}{\sum P_i} \tag{3-1}$$

式中：δ_W 为同位素加权平均值（‰）；P_i 为第 i 月降水量（mm）；δ_i 为第 i 月降水的同位素比值（‰）。

（二）降水同位素与气象变量之间的关系包括：

（1）月 $\delta^{18}D$ 和 $\delta^{18}O$ 关系。

（2）月 $\delta^{18}O$ 和温度关系。

（3）月 $\delta^{18}O$ 和月降水量关系。

拟合直线为：$y=ax+b$。其中系数 a、b 可用最小二乘法和正交回归法确定。

三、常见水文地质问题的同位素解释方法

（一）确定地下水的成因和补给区高程

1. 根据 δD-$\delta^{18}O$ 关系图推断

在降水 δD-$\delta^{18}O$ 关系图上，通过对比样品的 δ 值（校正蒸发作用等影响后）和当地降水的加权平均值的相近程度，可判定样品的水体的降水来源地域。若断定非当地降水补给，即可以通过计算样品 δ 值和当地降水的加权平均 δ 值差，通过大气降水 $\delta^{18}O$ 和 δD 的平均高程梯度来推断补给高程。

该方法通常作为数据定性分析的最初手段，在缺少局地降水线数据时，常常用全球降水线代表。在高纬度的干旱区应慎重使用。

2. 根据降水的氢氧稳定同位素效应确定

如果知道当地降水 $\delta^{18}O$ 和 δD 的高程效应，可以推断地下水的补给来源和入渗补给区，公式为：

$$H = \frac{\delta_{地下水} - \delta_{降水}}{K} + h \qquad (3-2)$$

式中：$\delta_{地下水}$ 为取样点的地下水的同位素组成（‰）；$\delta_{降水}$ 为取样点附近的大气降水的同位素组成（‰）；h 为采样点高程（m）；H 为补给高程（m）；K 为同位素高程梯度（‰/100m）。全球降水同位素梯度：$\delta^{18}O$，0.15‰/100m ~ 0.5‰/100m；δD，1‰/100m ~ 4‰/100m。

如果不知道取样点附近降水的同位素高程效应，则可以在补给区按不同高程采集降水或浅层地下水的同位素组成样品，经回归分析得到 $\delta^{18}O$ 或 δD 与高程的关系方程，然后以此来确定地下水样品的补给区高程。

（二）估算地下水补给强度

1. 根据包气带氢氧稳定同位素剖面估算补给强度

干旱区深包气带水的 $\delta^{18}O$ 和 δD 关系位于当地降水线以下，并且平行当地降水线，其偏离降水线的位移与补给强度平方根的倒数成正比，经验公式为：

$$\Delta\delta^{18}O = \frac{3}{\sqrt{R}}$$
$$\Delta\delta D = \frac{22}{\sqrt{R}} \qquad (3-3)$$

式中：R 为补给强度（mm/a）。

这一方法不常用。如果补给发生在没有蒸发的极端事件时，观测不到蒸发信号。

2. 根据含水层中核爆氚位置估算补给强度

在降水垂直入渗补给为主的多孔介质含水层中，如果 1963 年核爆氚峰值在含水层中存在，可以从含水层中氚浓度峰值的位置计算一个时期的年均补给强度，计算公式为：

$$R = \frac{n_t H}{t} \tag{3-4}$$

式中：n 为有效孔隙度；t 为自 1954 年（大气降水中由于核爆氚快速增加的时间）至采样年的时间；H 为地下水位以下核爆氚的深度；R 为年平均补给强度。

这一方法仅限于应用潜水含水层的上部、有地下水垂直补给为主的地区。如果核爆氚峰值在含水层中不存在，不能应用该方法。这方法在裂隙介质中很难应用。

3. 根据地下水的年龄估算补给强度

对于接受均匀面状垂直补给的均质各向同性潜水含水层，如果水位变化与含水层厚度相比很小，地下水年龄—深度关系近似为对数关系，据此可以计算补给强度，公式为：

$$R = \frac{n_t H}{t_i \cdot \ln\left[H / (H - z_i)\right]} \tag{3-5}$$

式中：H 为含水层总厚度（m）；t_i 为地下水在水位以下深度 Z_i 处的年龄（a）；n_t 为有效孔隙度。

（三）识别地下水蒸发或蒸腾损失

地下水补给过程中的蒸发和蒸腾可以通过 $\delta^{18}O$ 和 δD 结合 Cl 浓度来识别。如果样品 Cl 浓度和 $\delta^{18}O$ 呈线性关系，说明水在补给过程中由蒸发或蒸腾作用导致水损失。在 δD-$\delta^{18}O$ 图上，经受蒸发的地下水样品沿着不同于降水线斜率的直线分布，一般斜率为 4 ~ 7，在干旱区可以更小；该直线与当地降水交点的 $\delta^{18}O$ 和 δD 代表了原始补给水的同位素特征。经历蒸腾作用的地下水样品不发生同位素分馏过程，因此，样品沿当地降水线分布。

（四）地下水测年

1. 常用的地下水同位素测年方法

地下水同位素测年方法，见表 3-6 及表 3-7 所示。

表 3—6　常用的年轻地下水测年方法

方法	适用条件	优点	缺点
^{3}H	1952 年以来补给的地下水	很常用的方法，可以用来检验其他测年方法	由于大气核试验停止和核爆的衰变，该方法已经快失效了。另外，很难确定初始输入函数值
^{3}H ~ ^{3}He	最适用于年龄小于 30a 的地下水	不需要初始输入函数，年龄分辨率高，该方法现在仍有效	采样和测试成本较高，仅少数实验室可以测试，识别不同来源的 ^{3}He 比较困难。计算的年龄不包括水在包气带中的传输时间。对于过量空气很敏感
^{85}Kr	1950 年代以来补给的地下水	对于脱气现象不敏感，受地下污染源影响有限，对弥散不敏感。近期方法不会失效	采样和测试成本较高，仅少数实验室可以测试；地下富含铀的岩石可以产生，影响方法的应用
CFCs	测年范围为 1950 ~ 1990 年早期补给的地下水	简单面测试成本低。如果能够避免吸附和降解，则可以获得很好的结果	由于输入函数在 1990 年早期以来趋于稳定，该方法有效性正逐渐减小。另外，CFCs 容易降解，存在非大气源的污染源
SF$_6$	测年范围为 1970 年代以来补给的地下水	该方法在未来将继续有效，已经知道其输入函数，年龄范围短而测年精度高	由于原位产生 SF$_6$ 的缘故，可能在某些地区不适用；测年范围小，在近城市区域难于应用
^{36}Cl/Cl	核爆时期补给的地下水	核爆补给水很好的指示剂；方法近期不会失效	不是对于所有的情况都有效

表 3—7　常用的年老地下水测年方法

方法	适用条件	优点	缺点
^{32}Si	50 ~ 1000a	可以用来检验其他测年方法，大气输入了解得比较清楚；更适合于计算入渗强度	地球化学作用复杂，在包气带中损失较大，分析测试受设备限制，一直不被重视
^{39}Ar	50 ~ 1500a	相对来说初始值了解得比较清楚，受地下产生的影响有限，可以检验地下产生 85Kr 和 222Rn 等其他示踪剂情况	难于采样与分析测试，需要的样品量大，能够分析测试的实验室数量有限，产生误差很大，地下火成岩可以产生
^{14}SC	500 ~ 35000a	方法比较成熟，许多实验室都可以测试，测年范围较大，是目前年老地下水测年最常用的方法	初始值确定比较困难，地球化学影响识别比较复杂，具有半定量的性质，各种模型之间的不确定性使结果差别可能很大
^{81}Kr	5×10^4 ~ 100×10^4a	不存在地下产生和人类活动起源，地球化学反应有限，是对于年龄很老的地下水进行定量测年的唯一方法	仅有少量的实验室具有分析测试的能力

续表

方法	适用条件	优点	缺点
^{36}Cl	$4.6 \times 10^4 a \sim 100 \times 10^4 a$	能够分析测试的实验室很多,有许多典型的研究实例	受地下来源的^{36}Cl影响,初始值确定比较困难,方法不适用于咸水和微咸水
^4He	$10^3 \sim 10^3 a$	该方法被大量应用于含水层和油田研究,覆盖的年龄范围很大,从几千年到数百万年	计算^4He累积速率是一项复杂而烦琐的工作,^4He的来源比较多,制样过程冗长而精细

2. 地下水中环境示踪剂^3H、CFCs、SF_6数据年龄解释方法

地下水中环境示踪剂^3H、CFCs、SF_6数据年龄解释方法见表 3-8 所示。

表 3—8 地下水中环境示踪剂^3H、CFCs、SF_6数据年龄解释方法

方法	应用说明
^3H	小于 1TU,1952 年以前补给的地下水;大于 1TU,相当部分来自 1952 年以来的补给
CFCs、SF_6、^3H数据图解方法	方法应用前提是假设地下水以活塞流运动。对比测试浓度和输入函数历史记录确定年龄。根据样品中^3H、CFCs 或SF_6含量在与大气输入函数曲线上浓度相等的点上划一条水平线,然后找出与大气输入曲线的交点所对应的时间。对于氚,要考虑放射性衰变,需要从样品浓度反推到初始值。在半对数曲线上向后做一条直线,其斜率是由衰变常数给出,在直线与输入曲线的交点,可以得到水粒子开始传输的可能时间。由于氚的输入曲线不是单调的,时间具有多解性。因此,实际中必须结合水文地质条件具体分析,以确定更符合实际的地下水滞留时间
集中参数模型方法定量解释CFCs、SF_6、^3H数据	环境示踪剂数据最简单的解释方法是黑箱模型方法,给定一个示踪剂输入函数,根据传输函数来计算理论输出

第四章 地质灾害调查评价与防治

第一节 地质灾害调查

一、地质灾害应急调查

（一）应急调查的技术要求

1.地质灾害应急调查的前期准备

地质灾害应急调查工作开展前应有所准备，并要对调查人员自身的安全问题有切实的了解。所做的准备及安全问题主要有以下五个方面。

（1）准备的工具。其包括照相机、GPS、地质罗盘、量角器、三角板、卷尺或测距仪、图夹、野外记录本、铅笔。

（2）准备的装备。其包括手机、登山鞋、背包、电筒、雨伞、防寒服、薄绒裤。

（3）准备的药品和干粮。其包括腹泻、感冒、消炎、驱虫药，适量软包装食品。

（4）调查队在行进时的要求。其包括不能离队、不掉队、不盲目涉水、不喝生水，现场调查要尽量寻求当地人员陪同。

（5）调查队在休息、住宿时的要求。其包括宿营地应避开沟口、河床、高陡斜坡等易受地质灾害的危害地段。

2. 地质灾害应急调查的技术要求

地质灾害应急调查主要有两个方面的技术要求。

（1）确定位置：对照地形地质图或其他带地理底板的图件确定所处位置；应用简便的GPS测定灾点的地理坐标和高程、方向；应用地质罗盘确定坡面产状。

（2）了解灾情及发灾过程：认真听取当地干部的汇报，收集汇报材料，记录灾害损失情况、近期天气情况、灾害发生时间及过程、目前地质体的活动情况、灾害救援情况。

向当地灾民询问灾害损失、灾害发生时间及过程、灾害表现形式、有关成灾地质作用的表象、河流动态和降雨情况等。

现场调查核实灾害损失情况。通过灾害现场的观察，统计记录现场人员及财产损失的数量、毁坏程度。调查分析确定地质灾害类型。通过现场地质作用途径和痕迹、堆积体土石成分、结构的观测、堆积体规模的测量，确定地质灾害的类型、规模等级，掌握具体形态数据（如滑坡体的长、宽、厚度、体积）。

（二）地质灾害应急调查的技术方法

1. 滑坡应急调查

滑坡调查的目的是查明滑坡灾害的隐患，为滑坡灾害易发区区划、滑坡灾害信息系统和监测网络的建立以及滑坡灾害防治方案的制订提供翔实的基础资料。

调查内容主要是查明滑坡灾害发生的危险性。

对于已发生的滑坡，主要调查滑坡发生时间、灾情，滑坡的形态、规模，物质组成及结构，运动形式、滑速、滑距，形成条件及诱发因素，稳定性状况及复活迹象，已有防治措施及今后防灾减灾建议。

对于有发生滑坡潜在危险性的斜坡，主要是调查斜坡的地层岩性、坡体结构、不连续面的性质及组合特征以及产状与斜坡倾向的关系，可能构成滑坡几何边界条件的结构面，坡体异常情况及附近人口、经济情况，以此判定滑坡发生的危险性及可能的影响范围。

对多年前发生目前并无运动迹象的滑坡（老滑坡或休眠滑坡），如果有迁建城镇、集中居民点或是重要工程设施如交通干线通过，也应对之进行调查以判定这些工程活动能否引起滑坡的整体或局部复活，并提出防治措施建议。

2. 崩塌应急调查

（1）调查的范围应包括崩塌落石地点和可能崩落的陡坡区及其相邻地段，以便准确圈定崩塌落石的范围，查明其规模。

（2）调查崩塌落石区地形地貌和微地貌特征，植被情况以及崩塌类型、规模、范围、崩塌体的形态、大小和滚落方向和影响范围等。如裂缝宽度、深度、长度、产状均应量测准确；对边坡形态、坡度、高度以及陡坎、台阶的高度和宽度也应量测。

（3）查明地层岩性、软岩和硬岩的分布范围、风化程度和风化速度。对软硬岩层相间的高陡边坡，因风化速度的差异，是否有风化凹槽和突出的悬岩均应查清。

（4）查明地质构造，岩体结构类型，岩体结构面的产状和裂隙性质、特征（力学性质、裂隙宽度、间距、延伸长度、深度、充填物的情况等），必要时对岩体结构面进行统计，并绘制结构面统计图，还应查明结构面的组合情况及可能崩落体的形态和大小。

（5）查明地表水和地下水对崩塌落石的影响。对地表水应查清汇集和流动情况、渗入崩塌体的部位、在崩塌体内流动的途径，以及对潜在崩塌体稳定性的影响。对地下水应查清水量、出露位置、补给来源，特别是应查清在陡坡上出露的地下水情况。

（6）调查访问崩塌前的迹象、发生发展的历史，分析崩塌产生的原因，形成条件、影响因素（如与地貌、岩性、构造、地震、采矿爆破、温差变化、水的活动等关系，发展阶段及发展趋势）；预测因工程活动或其他不利因素能否导致崩塌落石，以及可能崩塌的范围、数量、岩块大小，滚落方向和影响范围等。对巨大的崩塌体还应预测在崩塌时是否会产生破坏性的冲击气浪。

（7）搜集本地区的气象（重点是大气降水）、地震、水文（与河流冲刷旁蚀有关的）资料及防治崩塌的经验。

3. 泥石流应急调查

泥石流调查应以地面调查为主，辅以访问、现场测试、采样室内分析、剖面研究和泥石流沟谷断面测量等方法，收集地形地貌、地质、水文气象、植被、泥石流发育特征、运动特征和堆积特征等实物资料，为泥石流的发育历史、爆发规模、危害程度的分析和防治措施的制定奠定基础。

调查范围应包括沟谷至分水岭的全部地段和可能受泥石流影响的地段，具体工作内容及任务要求如下。

（1）调查冰雪融化和暴雨强度、前期降雨量、一次最大降雨量，平均及最大流量，地下水活动情况。

（2）调查地层岩性、地质构造、不良地质现象、松散堆积物的物质组成、分布和储量。

（3）调查分析沟谷的地形地貌特征，包括沟谷的发育程度、切割情况、坡度、弯曲、粗糙程度，并划分泥石流的形成区、流通区和堆积区及圈绘整个沟谷的汇水面积。

（4）调查形成区的水源类型、水量、汇水条件、山坡坡度、岩层性质及风化程度。查明断裂、滑坡、崩塌、岩堆等不良地质现象的发育情况及可能形成泥石流固体物质的分布范围、储量。

（5）调查流通区的沟床纵横坡度、跌水、急弯等特征。查明沟床两侧山坡坡度、稳定程度，沟床的冲淤变化和泥石流的痕迹。

（6）调查堆积区的堆积扇分布范围，表面形态、纵坡、植被、沟道变迁和冲淤情况；查明堆积物的性质、层次、厚度、一般粒径以及分布规律。判断堆积区的形成历史、堆积速度，估算一次最大堆积量。

（7）调查泥石流沟谷的历史，历次泥石流的发生时间、频数、规模、形成过程、爆发前的降雨情况和爆发后产生的灾害情况，并区分正常沟谷或低频泥石流沟谷。

（8）调查开矿弃渣、修路切坡、砍伐森林、陡坡开荒及过度放牧等人类活动情况。

（9）调查当地防治泥石流的措施和经验。

4.地质灾害应急调查报告的编制

地质灾害应急调查报告要紧凑简练，既要注重时效性又要注重实用性，必须包含以下几个方面的内容，反映这些内容的实际材料必须在应急调查时收集齐全。

地质灾害应急调查报告提纲及内容情况可参考如下。

（1）前言。简述灾害信息来源、应急调查组织及工作情况。

（2）基本灾情。包括灾害点发生的位置、发生的时间、灾害类型、规模（长、宽、厚）、伤亡人数、已造成直接经济损失及可能造成的经济损失、潜在危害（威胁人员、工程及财产）等。

（3）地质灾害类型和规模。包括地质灾害类型划分；各灾种的分布、特征；灾度等级划分等。

（4）地质灾害成灾原因。灾害形成原因分析，包括自然因素和人为因素分析。其中自然因素包括地形地貌、气象与水文特征；地层岩性、地质构造、地震活动情况；岩土体类型划分与基本特征，山体形态、地质结构与稳定性；含水层组划分与基本特征，地下水补给、径流、排泄条件及特征，动态。人为因素包括人类活动的方式、强度，对地质环境的破坏作用。

（5）发展趋势预测。根据灾害目前活动迹象、发育特征、影响因素及以后各因素的发展趋势，观测分析总结地质灾害发育特征、活动阶段及引发因素的变化，对灾害体的稳定性和发展趋势作出正确的发展趋势评价与预测。

（6）已经采取的应急措施。包括已经采取的应急救灾、防范措施及其效果，存在的问题或不足之处。如监测布置、搬迁方案、防灾预案的制定及落实，已实施工程治理措施的效果，对已制定防御预案的，应附防御预案表。

（7）今后的防治工作建议。包括：应急治理的地质灾害及治理方案建议；危险性较大的地质灾害勘查、监测与防治的建议；群测群防监测网点的布设及要求；地质环境管理及有关经济社会管理的建议等。

（8）附图与附件。包括：反映地质灾害位置及形成条件的大比例尺平面、剖面图；反映地质灾害全貌和主要特征的现场照片。

二、地质灾害详细调查

（一）总则

1.任务

（1）开展地质条件调查，分析滑坡、崩塌、泥石流发生的岩土体结构条件，阐明其发育、分布规律及形成机理，评价和预测其发展趋势，进行环境工程地质条件区划。

（2）对已发生的滑坡、崩塌、泥石流等地质灾害点进行调查。了解其分布范围、规模、结构特征、影响因素和诱发因素等，并对其复活性和危险性进行评估。

（3）对城市、村镇、厂矿、重要交通沿线、重要工程设施、大江大河、重要风景名胜区和重点文物保护点等潜在的滑坡、崩塌、泥石流等地质灾害隐患点进行调查，并对其危险性和危害性进行评价。

（4）结合防灾规划，推荐应急搬迁避让新址，并进行地质灾害危险性和建设适宜性初步评估。

（5）收集气象水文资料，调查水文地质条件，分析降水等对滑坡、崩塌和泥石流的影响，进行地质灾害气象预警区划。

（6）协助当地政府建立地质灾害群测群防网络和编制重要地质灾害隐患点防灾预案。

（7）建立地质灾害信息系统，进行地质灾害分区评价，圈定易发区和危险区，编制地质灾害防治规划（建议）。

2. 基本规定

（1）应充分收集、利用已有资料，包括气象水文、区域地质、第四纪地质、水文地质、工程地质、环境地质、植被，以及社会经济发展规划等。

（2）调查灾害种类包括滑坡、崩塌、泥石流，根据现场实际，可以增加调查其他灾害种类。对危及人员及财产的潜在灾害点如不稳定斜坡、泥石流流通区、采空区等，也需进行调查。

（3）调查采用点、线、面相结合的专业调查为主的方式进行。①点：指根据已掌握的资料和群众报险线索，对灾害点或出险点逐一进行现场调查。对县城、村镇、矿山、重要公共基础设施、主要居民点都需进行现场地质调查，不得漏查。在地质灾害高易发区，对所有的居民点需进行现场核查。②线：指沿滑坡、崩塌、泥石流易发生的沟谷和人类工程活动强烈的公路、铁路、水库、输气管线等进行追索调查。③面：指采用网格控制调查，对地质条件进行勘测，了解灾害形成演化的地形地貌、岩土体结构等地质背景条件；了解人类活动较弱地带滑坡、崩塌、泥石流等分布和发育规律；了解中、远程滑坡致灾的可能性。

（4）调查应采用遥感调查、地面调查、测绘和勘查相结合的方式综合开展。运用遥感和地面网格控制调查方式了解滑坡、崩塌、泥石流发生和分布的地质条件与岩土体结构特征。

（5）对危及县城、集镇、重要公共基础设施安全的灾害点，以及规模大且稳定性较差的灾害体应进行大比例尺地面测绘，可辅以必要的钻探、山地工程、物探等手段验证，提供必要的物理力学参数。

（6）应按照统一格式要求建立相应的信息系统。

（7）调查工作项目应以县（市）行政区划为单元进行部署，野外调查工作应以 1 : 5 万或精度更高的比例尺地形图为单元开展。

（二）野外调查工作

1.区域地质环境条件调查

（1）一般规定：①应对调查区成灾地质环境条件进行调查，并做好沿途观察与描述；②在调查中，应按规定要求定地质环境条件控制点，对各控制点的调查内容包括地形地貌、地质构造、岩土体工程地质、地表水和地下水、环境因素以及人类活动等。

（2）地形地貌：①以资料收集为主，并结合遥感影像，确定工作区地貌单元的成因形态类型。②调查与滑坡、崩塌、泥石流灾害相关的地形地貌特征，包括斜坡形态、类型、结构、坡度，以及悬崖、沟谷、河谷、河漫滩、阶地、沟谷口冲积扇等；微地貌组合特征、相对时代及其演化历史。③调查人工地形地貌形态、规模及其稳定性条件，包括人工边坡、露天采矿场、水库和大坝、堤防、弃渣堆等。

（3）地质构造：①以收集资料为主，并结合遥感解译，分析区域构造格架，构造优势面及组合，主要构造运动期次和性质，以及新构造运动和地貌特征。②应搜集区域断裂活动性、活动强度和特征，以及区域地应力资料，区域地震活动、地震加速度或基本烈度，分析区域新构造运动、现今构造活动，地震活动以及区域地应力场特征。③核实调查主要活动断裂规模、性质、方向、活动强度和特征及其地貌地质证据，分析活动断裂与滑坡、崩塌、泥石流灾害的关系。④调查各种构造结构面、原生结构面和风化卸荷结构面的产状、形态、规模、性质、密度及其相互切割关系，分析各种结构面与边坡几何关系及其对边坡稳定性的影响。

（4）岩土体工程地质：①区域地层以资料收集为主，收集调查区地层层序、地质时代、成因类型、岩性特征和接触关系。②区域工程岩组以调查为主，包括岩体产状、结构和工程地质性质，并应划分工程岩组类型及其与滑坡、崩塌、泥石流灾害的关系，确定软弱夹层和易滑岩组，调查统计结构面产状、密度、规模，确定结构面分布与组合特征及其与滑坡崩塌灾害的关系，并进行岩土结构分类。③对于典型斜坡，应对其岩体结构和工程地质性质进行调查与测量，每个图幅需实测具代表性的综合剖面。④应对岩体风化特征进行调查，调查风化层的分布、风化带厚度及其与岩性、地形、地质构造、水、植被和人类活动的关系，调查斜坡不同地段差异风化与滑坡、崩塌、泥石流灾害的关系。⑤应对土体工程地质进行调查，包括土体分布、成因类型、厚度及其与斜坡结构和稳定性的关系，测试分析土体颗粒组分、矿物成分、密实度、含水率及渗透性。

（5）地表水和地下水：①地表水和地下水调查以资料收集为主。②应结合遥感解译等资料，核实调查地表水入渗情况、产流条件、分布、冲刷作用，以及地表水的流通情况。③对威胁县城、村镇、矿山、重要公共基础设施、主要居民点的泥石流沟应进行小流域面积、流量、泥位核实评估，分析可能形成的灾害，并对行洪区、沟口和堆积区建筑物灾害风险进行评估。④核实调查地下水基本特征，包括地下水类型、性质、水位及动态变化、流量、水化学特征，泉点、地下水溢出带、斜坡潮湿带等分布及动态情况。⑤核实调查水文地质结构，包括含水层分布、类型、富水性、透水性、地下水位变化趋势，主要隔水层的岩性、厚度和分布。⑥现场分析地下水的流向、径流和排泄条件，地下水与边坡稳定性的关系。

（6）环境因素：①环境因素调查以资料收集为主，包括气候和植被等。②气候因素应调查发生滑坡、泥石流时的前期和临界降水量值。③植被调查应结合遥感解译，确定植被的分布、类型、覆盖率、历时变迁与原因，以及与地质灾害的关系。④植被与坡耕地调查，主要包括植被种类、分布、覆盖率、风化层及饱水性、"马刀树"和"醉林"等斜坡变形指示植物，水田、鱼塘分布及渗水状况。

（7）人类工程经济活动：①以资料收集和核实方式调查为主。②了解区域社会经济活动，包括城市、村镇、乡村、经济开发区、工矿区、自然保护区的经济发展规模、趋势及其与地质灾害的关系。③了解大型工程活动及其地质环境效应，包括水电工程、矿业工程、铁路工程、公路工程、地下工程与地质灾害的关系。

2. 滑坡灾害调查

（1）基本要求：①滑坡分类应符合下列规定。a. 根据滑坡体的物质组成和结构形式等主要因素进行分类。b. 根据滑坡体厚度、运移形式、成因、稳定程度、形成年代和规模等其他因素进行分类。②调查的主要内容包括滑坡区调查、滑坡体调查、滑坡成因调查、滑坡危害调查及滑坡防治情况调查。a. 滑坡所处的地理位置、地貌部位、斜坡形态、地面坡度、相对高度、沟谷发育、河岸冲刷、堆积物、地表水以及植被。b. 滑坡体周边地层及地质构造。c. 水文地质条件。

（2）滑坡灾害核查：①对一般调查区滑坡灾害遥感调查结果需进行野外核查，核查数不得低于解译总数的80%，并逐一填写调查卡片。②对一般调查区已有滑坡点资料，应根据其完备程度进行野外核查与完善，重点调查滑坡灾害是否发生变化及其变化程度与发展趋势。③核查填卡记录内容，不得遗漏滑坡灾害的主要要素。④滑坡灾害调查。⑤对县城、村镇、矿山、重要公共基础设施以及滑坡灾害高发区的所有居民点需进行现场滑坡调查。⑥滑坡灾害野外调查需采用以实地量测为主的方法。⑦滑坡调查点均应实测滑坡代表性剖面，并进行拍照、录像或绘制素描图。⑧调查记录须按规定格式逐一填写，不得遗漏滑坡灾害主要要素。⑨应初步查明滑坡形成的地质条件、滑坡体特征和诱发因素，评价滑坡危害或成灾情况。

（3）滑坡灾害测绘：①对于威胁县城、集镇和重要公共基础设施且稳定性较差的滑坡，可进行大比例尺工程地质测绘。②地形测绘。其图件比例尺要求如下。a. 滑坡区平面图测绘比例尺宜在1：2000～1：500之间。b. 滑坡区剖面图测绘比例尺宜在1：1000～1：250之间。③工程地质测绘比例尺应与测绘的地形图比例尺相同，除将滑坡主要要素标记在地形图上外，也要按规定做好详细记录。④对于威胁县城、集镇和重要公共基础设施且稳定性较差的滑坡均应实测具代表性的纵横剖面，并进行拍照、录像或绘制素描图。基本查明滑坡形成的地质条件、滑坡体特征和诱发因素，了解滑坡危害或成灾情况。

（4）滑坡勘查：①对于威胁县城、集镇、重要公共基础设施且稳定性差的滑坡，应进行滑坡勘查。②应初步查明滑坡体结构及各层滑坡面（带）的位置，了解地下水的位置、流向和性质，采取岩土试样。③勘查方法应以物探为主，并辅以钻探、井探和槽探等验证与控制。④工程布置可采用主—辅剖面法。沿主滑方向布置由钻探、井探与物探点构成的主勘查线，在其两侧可布置1～3条由物探、井探、槽探点构成的辅助勘查线。主勘查线上的勘查点不得少于3个。⑤勘探孔的深度应穿过最下一层滑面，并进入稳定地层3～5m。⑥应采取滑体与滑带岩土试样，测试物理、水理与力学性质指标。⑦滑坡稳定性验算应根据滑动面类型和物质成分，选择有代表性的分析断面和适合的计算公式计算，并可参考有限单元法、有限差分法、离散元法等进行综合考虑。⑧滑坡稳定性综合评价，应根据滑坡位置、规模、影响因素、滑坡前兆、滑坡区的工程地质和水文地质条件，以及稳定性验算结果等综合判定，并应分析发展趋势和危害程度。⑨滑坡勘查成果应包括地质背景和形成条件，形态要素、性质和演化，平面图、剖面图，岩土工程特性指标，稳定性分析，防治建议等。

3. 崩塌灾害调查

（1）基本要求：①崩塌调查包括危岩体调查和已有崩塌堆积体调查。调查内容及野外调查记录按崩塌滑坡调查表逐一填写，不得遗漏崩塌主要要素。②崩塌灾害点调查分调查、地面测绘和勘查三个层次。

（2）崩塌灾害调查：①对县城、村镇、矿山、重要公共基础设施以及崩塌灾害高发区的所有居民点须进行现场崩塌调查。②崩塌灾害野外调查需采用以实地量测为主的调查方法。③崩塌调查点应实测代表性剖面线，并进行拍照、录像或绘制素描图。④调查填卡记录须逐一填写，不得遗漏崩塌灾害要素。⑤应调查崩塌及崩塌堆积体造成的灾害损失，分析预测崩塌堆积体失稳可能造成灾害的影响范围，圈定危险区，确定受威胁对象，预测损失程度。

（3）崩塌灾害测绘：①对于威胁县城、集镇和重要公共基础设施且稳定性较差的崩塌，可进行大比例尺工程地质测绘。②对于威胁县城、集镇和重要公共基础设施且稳定性较差的崩塌灾害测绘的内容应包括崩塌区地形测绘和地质测绘两个方面。a.测绘平面图比例尺宜在 1 ： 2000 ~ 1 ： 500 之间。b.测绘剖面图比例尺宜在 1 ： 1000 ~ 1 ： 100 之间。对主要裂缝应专门进行更大比例尺测绘和绘制素描图。

（4）崩塌灾害勘查：①对于威胁县城、集镇、重要公共基础设施且稳定性差的危岩体和崩塌体，应进行滑坡勘查。②危岩体和崩塌勘查应包括以下内容。a.危岩体和崩塌类型、规模、范围，崩塌体的大小和崩落方向。b.岩体基本质量等级、岩性特征和风化程度。c.地质构造，岩体结构类型，裂缝和结构面的产状、组合关系、闭合程度、力学属性、延展及贯穿情况。d.崩塌前的迹象和崩塌原因。③勘探方法应以物探、剥土、探槽、探井等山地工程为主，可辅以适量的钻探验证。④危岩体和崩塌体应有不低于 1 条的实测剖面，每条勘查剖面的勘探点不少于3个。⑤勘探孔的深度应穿过堆积体或探至拉裂缝尖灭处。⑥勘查成果应包括危岩体和崩塌区的范围、类型，稳定性与危险程度，以及防治措施的建议。

4. 泥石流灾害调查

（1）泥石流调查：①对县城、集镇、矿山、重要公共基础设施以及泥石流灾害高发区的所有居民点需进行现场泥石流调查。②泥石流灾害野外调查须采用遥感调查与实地量测相结合的调查方法。③泥石流调查点应实测代表性剖面，并进行拍照、录像或绘制素描图。④调查填卡记录需逐一填写，不得遗漏泥石流灾害要素。⑤应初步查明泥石流的形成条件、动力条件和堆积条件，泥石流的诱发因素，了解泥石流危害或成灾情况。

（2）泥石流灾害测绘：①对于威胁县城、集镇和重要公共基础设施且稳定性较差的泥石流，可进行大比例尺工程地质测绘。②测绘范围应包括全流域和可能受泥石流影响的地段。③测绘的比例尺全流域宜采用1：5万～1：1万，物源区宜采用1：5000～1：1000，流通及堆积区宜采用1：2000～1：500。④流域平面图应详细反映泥石流形成区、流通区、堆积区的分界，显示可能提供松散固体物质的不良物理地质现象的类型、性质、分布规律、位置、范围大小以及物质储备。⑤应在遥感调查的基础上，采用实地测绘法，以沿沟向上追索的方法为主，实测沟谷剖面，并进行拍照、录像或绘制素描图。

（3）泥石流灾害勘查：①对于威胁县城、集镇、重要公共基础设施且稳定性差的泥石流，应进行滑坡勘查。②泥石流灾害勘查的内容如下。a.了解泥石流松散层物质组成、结构、厚度和颗粒粒度级配的变化，沟谷基岩地层结构、构造。b.现场测定泥石流物质堆积后的物理力学性质和颗粒粒度级配。c.采取具有代表性的原状岩土样。③勘查方法应以地面实地调查、地球物理勘探、剥土、探井、探槽等山地工程为主，可辅以适量的钻探工程。④泥石流物源区、流通区和堆积区均应布置不少于1条的勘查横剖面。⑤泥石流勘查成果应包括泥石流的地质背景和形成条件，形成区、流通区、堆积区的分布和特征，专门工程地质图，泥石流类型，泥石流防治和监测的建议。

5. 不稳定斜坡调查

（1）基本要求：①调查对象主要为对县城、村镇、矿山、重要公共设施、大江大河等构成严重危害的不稳定斜坡。②应对山区县城、村镇所有的后山进行调查，并填制相应卡片。③对危及县城、村镇、矿山、重要公共设施等的不稳定斜坡应进行大比例尺工程地质测绘。④斜坡稳定性划分为稳定性好、稳定性较差和稳定性差三级。⑤不稳定斜坡调查分调查、测绘和勘查三个层次。

（2）不稳定斜坡调查：①对县城、村镇、矿山、重要公共基础设施以及不稳定斜坡和灾害高发区的居民点需进行现场不稳定斜坡调查。②不稳定斜坡野外调查需采用以实地量测为主的调查方法。③不稳定斜坡调查点应实测代表性剖面，并进行拍照、录像或绘制素描图。④调查填卡记录需逐一填写，不得遗漏不稳定斜坡要素。⑤应初步查明不稳定斜坡形成的地质条件、不稳定斜坡体特征和诱发因素，了解不稳定斜坡危害或成灾情况。

（3）不稳定斜坡测绘：①对于威胁县城、村镇和重要公共基础设施的不稳定斜坡，应进行地质测绘。②不稳定斜坡测绘点的数量应按不低于测区不稳定斜坡调查点总数的 10% ~ 20% 控制。③地形测绘图件比例尺要求如下。a. 不稳定斜坡区平面图测绘比例尺应在 1 ： 2000 ~ 1 ： 500 之间。b. 不稳定斜坡区剖面图测绘比例尺应在 1 ： 500 ~ 1 ： 50 之间。④每个不稳定斜坡应实测代表性纵横剖面，并进行拍照、录像或绘制素描图。基本查明不稳定斜坡形成的地质条件、不稳定斜坡体特征和诱发因素，了解不稳定斜坡危害或成灾情况。

（4）不稳定斜坡结构和软弱结构面勘查：①对于威胁县城、重要村镇、重要公共基础设施的不稳定斜坡，应进行岩体结构和软弱结构面勘查。②不稳定斜坡勘查的数量应不低于调查区不稳定斜坡调查点总数的 5%。③应初步查明斜坡岩体结构及各层软弱结构面的位置，了解地下水的位置、流向和性质，采取岩土试样。④勘查方法应以物探为主，并辅以井探、槽探和钻探等手段进行验证。⑤工程布置可采用主—辅剖面法。宜沿失稳方向布置由钻探、井探与物探点构成的主勘查线，在其两侧可布置 1 ~ 3 条由物探、井探、槽探点构成的辅助勘查线。主勘查线上的勘查点不得少于 3 个。⑥勘探孔的深度应穿过最下一层软弱结构面 3 ~ 5m。⑦软弱结构面应采取岩土试样，进行物理力学性质指标测试。⑧不稳定斜坡稳定性验算应根据可能的滑动面类型和物质成分，选择有代表性的分析断面和合理的计算公式计算。⑨不稳定斜坡稳定性综合评价，应根据不稳定斜坡在斜坡体构造格局中所处的位置、规模、主导因素、滑坡前兆、不稳定斜坡区的工程地质和水文地质条件以及稳定性验算结果等综合判定，并应分析不稳定斜坡的发展趋势和危害程度，提出防治措施建议。⑩不稳定斜坡勘查成果应包括地质背景和形成条件，坡体形态、性质和演化，平面图、剖面图和岩土工程特性指标，稳定性分析，防治方案建议等。

第二节　地质灾害评价

一、滑坡评价要点及方法

（一）滑坡稳定性评价

在斜坡场地上进行土木工程建设，斜坡稳定性问题是全局性的，较之具体建筑物的地基稳定性来说更为重要，所以在进行土木工程建设时首先要评价斜坡稳定性，在此基础上进一步评价建筑适宜性。稳定性评价的结果也可为斜坡场地的整治提供设计依据。

滑坡稳定性评价方法有自然历史分析法、力学计算法、图解法和工程地质类比法。其中自然历史分析法、图解法和工程地质类比法属于定性或者半定量评价方法，力学计算法属于定量评价方法。

1.定性评价原理方法

（1）自然历史分析法：自然历史分析法是一种定性评价的方法。主要通过研究斜坡形成的地质历史和所处的自然地理及地质环境、斜坡的地貌和地质结构、发展演化阶段及变形破坏形迹来分析主要的和次要的影响因素，从而对斜坡稳定性作出初步评价。所以这种方法实际上是通过追溯斜坡发生、发展演化的全过程来进行稳定性的初步评价。它对研究斜坡稳定性的区域性规律尤为适用。

自然历史分析法主要研究内容包括三个方面：区域地质背景的研究；促使斜坡变形破坏的主导因素及触发因素的分析；斜坡所处的演化阶段和发展趋势、可能破坏的方式及其后果的预测。勘查研究的手段主要是工程地质测绘调查。

自然历史分析法一般在初期勘察阶段进行，它要求勘查人员具有较好的地质素质。该方法虽是初步、定性的，但它是其他评价方法的基础，没有这种评价方法，其他评价方法也将难以进行。

（2）工程地质类比法：工程地质类比法就是将所要研究的斜坡或拟设计的人工边坡与已研究过的斜坡或人工边坡进行类比，以评价其稳定性或确定其坡角和坡高。类比时必须全面分析研究工程地质条件和影响斜坡稳定性的各项因素，比较其相似性和差异性。相似性越高，则类比依据越充分，所得结果越可靠。类比的基础是相似，只有相似程度较高才可进行类比，所以使用类比法之前一定要充分做好工程地质调查研究工作，而且要有丰富的实践经验。

（3）图解法：图解法是一种定性的或半定量的评价方法。一般采用图表计算法和图解分析法。

图表计算法种类较多，其基本原理一般都是根据斜坡所处的条件，先确定某一无因次量，并绘制不同坡角情况下无因次量与稳定系数关系曲线图，或不同稳定系数情况下的无因次量与坡角关系曲线图。图表计算法与力学计算法相比较，其结果精度差些。但是，在进行边坡初步设计时是可以满足要求的。图解分析法以赤平极射投影为基础，通过对斜坡岩体结构面的大量调查统计，掌握优势软弱结构面的产状特征，据以分析它们对斜坡稳定性的影响。

2.定量评价原理方法

力学计算法是定量评价的方法，其中数值模拟和刚体极限平衡法是常用的方法，这里仅介绍刚体极限平衡法。由于该方法的前提条件与实际岩土体的差异以及边界条件确定和计算参数的获取所存在的误差，所以需用一个安全系数 K_e 来保证计算的安全储备，即要求计算所得斜坡的稳定系数 K 大于 K_e 值才被认为是稳定的，否则就不稳定。根据工程安全等级不同，规定 $K_e=1.05 \sim 1.50$。

（二）滑坡风险评价

滑坡灾害风险评价是滑坡灾害风险管理的基础性工作，是制定各项防灾减灾措施，尤其是非工程防灾减灾措施的重要依据。因此，滑坡灾害风险评价对于减轻滑坡灾害的损失具有重要意义，必须引起人们的高度重视。

1.滑坡灾害复杂系统

滑坡灾害的发生、发展及消亡的整个演化过程都是人与自然关系的一种表现。由于滑坡灾害的最终承受体是人类及人类社会中的集合体（承灾体），因而，只有对承灾体的部分或整体造成直接或间接损害的滑坡才被称为火害性滑坡。一般而言，形成滑坡灾害必须具备两个条件：一是存在诱发滑坡的因素（致灾因素）及其形成滑坡灾害的环境（孕灾环境）；二是滑坡影响区有人类居住或分布、有社会财产（承灾体）。致灾因素、孕灾环境、承灾体三者之间相互作用的结果形成了通常所说的灾情。从系统理论的观点来看，孕灾环境、致灾因子、承灾体及灾情之间相互作用、相互影响、相互联系，形成了一个具有一定结构、功能及特征的复杂体系，这就是滑坡灾害系统。

2.滑坡灾害风险特征

根据前述所建立的滑坡灾害复杂大系统的概念，滑坡灾害风险可定义为不同强度滑坡灾害发生的概率及其可能造成的滑坡灾害损失。显然，这一定义确切地反映了滑坡灾害本身的自然属性和社会属性。基于这一定义，滑坡灾害风险概括起来具有以下特征。

（1）滑坡灾害风险的客观性：滑坡灾害发生既有随机性，又具有可预测性。随机性包括滑坡灾害的不确定性、资产分布的不确定性、防灾措施运用的不确定性等多方面，其中又以滑坡灾害的不确定性为主。滑坡灾害的发生受滑坡灾害风险——既是经济风险又是非经济风险的地貌、气象、岩土性状等多种因素的控制，而非经济风险的随机性决定了滑坡在时空分布上的随机性；可预测性是指滑坡灾害发生发展的过程是有规律性的，如滑坡灾害等级、频率分布等符合某些概率曲线。滑坡灾害这种"可测定的不确定"，反映着滑坡灾害风险的存在。由于滑坡灾害的发生不可避免，人类尚无法完全控制滑坡灾害的发生，任何防灾工程的设计标准也都有可能被超出，滑坡灾害风险是客观存在的。

（2）滑坡灾害风险既是经济风险又是非经济风险：滑坡灾害对人口、经济、社会、生态诸多方面造成危害或产生不利影响，滑坡灾害后果有些可以用经济指标来反映，如财产损失、房屋倒塌、生命线工程的中断等，但有许多影响是不能或难以用经济指标来反映的，如滑坡灾害造成的人员伤亡、心理恐惧、社会混乱及生态环境的恶化等。在某些情况下，非经济风险更令人关注。

（3）滑坡灾害风险是纯风险：风险可分为纯风险和投机风险两种。只有损失机会而没有收益机会时，就是纯风险；而投机风险是既有收益机会又有损失机会的风险。滑坡灾害带来的收益与其带来的损失相比是微不足道的，因此，它是纯风险。

（4）滑坡灾害风险的空间性：滑坡灾害同其他自然灾害一样，具有明显的空间分异特征。具体表现在两个方面：一是不同地区面临不同类型的、不同强度的滑坡灾害威胁；二是不同地区财产密度和易损失性差异也很大。即使同样强度的滑坡出现在不同地区，造成的灾情也会有很大的不同。总之，不同地区面临的滑坡灾害风险是不一样的，滑坡灾害风险具有空间性。

（5）滑坡灾害风险具有可测算性：滑坡灾害风险的可测算性主要是指滑坡灾害致灾因子——滑坡灾害发生概率、承灾体价值及易损性、滑坡灾害对承灾体的损害程度等都可以测算，从而可以综合确定滑坡灾害的风险。当然，滑坡灾害风险的可测算性主要是指经济风险，因为滑坡灾害风险的非经济风险大多是难以测算的。

（6）滑坡灾害风险具有动态性：滑坡灾害的灾情是致灾因子、孕灾环境、承灾体三者相互作用的结果，这三要素都是在变化的。如经济发展导致财产密度增大，但同时抗灾能力也在提高。滑坡灾害风险总处于动态之中。滑坡灾害风险的动态性表明通过人们的努力是可以在一定程度上降低滑坡灾害风险的。

3. 滑坡灾害风险分析

（1）滑坡灾害危险性分析：危险性是指不利事件发生的可能性，滑坡灾害的危险性是指滑坡灾害系统中孕灾环境和致灾因子的各种自然属性特征，可用滑坡过程强度或规模、滑坡频率、滑坡灾害影响区域及其影响程度、滑坡灾害危害程度等危险性指标来评价。滑坡灾害的危险性分析就是在滑坡灾害系统观点的框架下，从风险诱发因素出发，研究不利事件发生的可能性，即概率，以及研究受滑坡威胁地区可能遭受滑坡影响的强度和频度，即滑坡发生频率与滑坡强度的关系。

（2）承灾体易损性分析：不同承灾体遭受同一强度的滑坡灾害或其损失程度会不一样，同一承灾体遭受不同强度滑坡灾害其损失程度都不会一样，即易损性不同。所谓承灾体易损性是指承灾体遭受不同强度滑坡可能损失的程度，常用损失率来表示。滑坡灾害损失率是描述滑坡灾害直接经济损失的一个相对指标，通常指各类承灾体遭滑坡灾害损失的价值量与灾前或正常年份各类承灾体原有价值量之比，简称滑坡灾害损失率。滑坡灾害损失率是滑坡灾害经济损失评估的重要指标，分为各类承灾体分项滑坡灾害损失率（如农作物滑坡灾害损失率、工商企业财产滑坡灾害损失率、城乡居民财产滑坡灾害损失率等）和各类承灾体综合滑坡灾害损失率两种。

承灾体易损性分析是研究区域承灾体易于受到致灾滑坡的破坏、伤害或损伤的特征。为此，首先，要识别滑坡灾害可能威胁和损害的对象并估算其价值；其次，估算这些对象可能损失的程度。概括地说，承灾体易损性分析是研究滑坡强度与损失率的关系。

（3）滑坡灾害破坏损失评估：滑坡灾害破坏损失评估是在危险性分析和易损性分析的基础上，计算不同强度滑坡灾害可能造成的损失大小。对于某一具体的承灾体，在一指定频率滑坡下可能受到的损失可采用如下方法进行计算。①从滑坡灾害危险性分析结果中找出该承灾体所处位置及可能遭受的滑坡灾害强度。②从易损性分析结果中找出该类承灾体在该滑坡灾害强度下可能的损失率。③利用第②步计算的损失率乘以承灾体的价值，即得到该承灾体可能的损失值。按上述步骤计算研究区内所有承灾体损失值，将其累加即可得该频率滑坡可能带来的总损失值；对所有频率分别计算可能损失，就可以得到滑坡灾害损失的概率分布，即滑坡灾害风险。

总之，滑坡灾害系统是一个涉及"人—自然—社会"的复杂大系统，从系统科学的观点出发，采用"四结合"，即定性判断与定量计算相结合、微观分析与宏观综合相结合、还原论与整体论相结合、科学推理与哲学思辨相结合思想是建立滑坡灾害风险评价理论体系的有效途径。

二、泥石流评价要点及方法

（一）泥石流危险性（度）评价

泥石流是发生在山区的常见自然灾害，它是由土、石等固体物与水相混合，在重力作用下沿陡峻沟坡运动的饱和流体。每年在世界各地都会有大量的泥石流灾害事件发生。随着人类社会经济活动的不断增强，人们对自然资源的过度索取和对环境的持续破坏，使泥石流等自然灾害更趋严重。因此，必须加强泥石流灾害的研究、评估、预测预报和减灾管理，组织实施经济有效的防治工程，从而尽可能防范灾害的发生和尽量减轻灾害损失。科学、合理地组织实施泥石流灾害防灾减灾工程的首要任务就是对灾害发生的可能性、危险性、危害范围和程度有一个基本的认识和评价，即灾害危险性评价。

1. 泥石流控制因子

泥石流是产生于地表的一种复杂的自然地理过程。影响泥石流发生、发展、运动和堆积的环境背景因子非常多，累计起来有 70 多种，其中与泥石流活动关系最直接的是土、水、坡三大因素（土代表泥石流形成的物质来源；水为泥石流形成提供载体和动力条件；坡为泥石流运动提供地形地貌条件）。对不同地区、不同泥石流沟，不同因子的影响程度不同。因此，选取不同的因子会产生不同的评价结果。在泥石流危险性的综合判定中，所选因子应遵循以下原则：科学性、正确性、全面性、独立性、代表性、简便性和实用性。另外，所选因子也应该考虑其是否能量化。

2. 危险性评价的内容

危险性评价是灾情评估、预测、防灾救灾决策的基础，它不仅反映了泥石流的活跃程度，还反映了泥石流的可能破坏能力。根据研究范围，可以将灾害危险性评价分为点评价、面评价。泥石流灾害点评价是指对一条泥石流沟或相邻近、具有统一动力活动过程和破坏对象的几条泥石流沟或沟群进行评价，它是其他评价工作的基础，其特点是评价面积小，致灾体（泥石流）和承灾体清晰明确，评价精度高，采用的指标、模型以及得出的评价结果定量化程度高。面评价是对一个流域、一个地区或更大的自然、行政区域内的泥石流灾害进行评价，其特点是面积大，致灾体的成灾条件复杂，致灾因素多样，承灾体类型多、分布广、特征复杂，许多因素具有较高程度的模糊性和不确定性，因此，采用的指标多为相对指标，评价结果定量化程度较低。

（二）泥石流风险评价

泥石流风险是指在一定区域和时段内，由于泥石流灾害而引起的人民生命财产和经济活动的期望损失值。任何一个国家或地区用于防治灾害的资源都是非常有限的，因此，有必要对那些危害比较严重的灾害进行风险分析，为防灾减灾工作和资源的优化配置服务。

由于泥石流风险评价能够准确、快捷地反映区域泥石流活动现状和发展趋势，又能高度地概括和预测泥石流对人类和财产可能造成的危害程度，故其是泥石流防治工作中一项极其重要的基础性工作。同时，泥石流风险评价能够为管理规划、工程建设和投资决策者提供有价值的框架图，因此，受到越来越多学者的关注。经过多年的研究，区域泥石流灾害的风险分析在理论和实践方面都取得了一定的进展，然而尚未形成系统完善的理论与方法体系，也没有统一的评价标准，尤其是在定量评价这一领域的研究还很薄弱。

泥石流灾害发生的过程虽然比较短暂，一般只持续几分钟至数小时，但一旦成灾，往往会造成重大的危害。泥石流灾害风险分析主要包含风险识别、风险估算和风险评价三个方面的内容，其中风险估算是最重要的一部分，主要包含泥石流灾害危险性和易损性这两个方面的估计。

三、崩塌评价

我们通常所指的崩塌即硬质岩石裸露的陡峻坡体，因岩块自重在岩性、地质结构面、气候、地下水、地震和暴雨等综合因素作用下脱离母岩，有大的岩块突然而猛烈地由高处崩落的物理地质现象。大规模、大范围的山坡崩塌称为山崩；在岩体风化破碎严重或软质岩（特别是膨胀岩）边坡上发生小岩块、岩屑或碎裂土颗粒的散落现象称为碎落。崩塌是山区常见的不良地质现象，因其危及行车安全、给国民经济带来巨大损失而受关注。认真做好崩塌边坡勘查工作，采取有效且经济技术可行的处治设计方案至关重要。崩塌体稳定性评价为崩塌成灾的可能性和危险性评价提供依据，为防灾抗灾和编制防治工程可行性报告提供依据。

崩塌稳定性评价的内容包括稳定性现状评价和稳定性预测评价。

稳定性现状评价是在综合分析调查资料的基础上，对崩塌体（危岩体）在现有因素作用下的稳定性进行评价。

稳定性预测评价包括以下内容。

（1）崩塌稳定性发展趋势及破坏产生时段的预测。

（2）主要致灾外动力作用（暴雨、地震、库水位升降、人工振动及其叠加作用等）的致灾强度、灵敏度分析与概率预测。

（3）崩塌方式、规模及运动特征预测。

（4）派生灾害的预测。

崩塌边坡稳定性评价的方法有地质历史分析法、工程地质类比法、力学计算法。其中，地质历史分析法与工程地质类比法属于定性评价方法，力学计算法属于定量评价方法。

（一）地质历史分析法

地质历史分析法指根据调查获得的资料，运用工程地质学等多学科知识对崩塌体进行稳定性分析。该方法有变形历史分析法、岩体稳定的结构分析法等，包含理论分析和类比分析。在分析中应确立地质灾害研究的系统观，即地质灾害系统内部的有机联系原则、整体性原则、有序性原则和动态原则。

（1）岩体稳定的结构分析：岩体稳定的结构分析主要是研究结构面之间、结构面与临空面之间的组合关系，确定可能失稳的结构体的形态、规模与空间分布，判定不稳定块体可能移动的方向和破坏方式。该方法主要采用图解分析，包括摩擦圆法、玫瑰图法、极射赤平投影法、节理统计极点图与等密度图、平面投影法和实体比例投影法等。

（2）地质综合分析评价：地质综合分析评价法是在以上分析的基础上，根据灾害地质学的理论，对崩塌体的形态特征、地质结构、成灾条件、成灾动力、成灾因素、变形破坏形式和特征、失稳条件和机制等进行全面系统的分析，评价崩塌体现阶段的稳定性，预测其发展趋势，评价其失稳的必要条件、相关因素、失稳的可能性和失稳的规模、方式、方向，预测失稳的时间的一种评价方法。

（二）工程地质类比法

该方法根据相似性原则将已经发生过的崩塌体特征、成灾条件、成灾动力、成灾因素、成灾类型和成灾机制与被调查对象进行类比分析，评价其稳定性。相似性具体包括：①崩塌体岩性、主控结构面、岩土体结构、斜坡结构等相似性；②崩塌体赋存条件相似性；③孕灾因素、动力因素相似性；④发育阶段相似性。

对已有的崩塌或附近崩塌区以及稳定区山体形态、边坡坡度、岩体结构、地质结构面分布及其产状、闭合或充填胶结情况等进行调查对比，分析边坡稳定性，判断崩塌落石的可能性及其破坏力。

（三）力学分析法

该方法在分析可能发生崩塌及落石受力因素的基础上，用"块体平衡理论"计算潜在可能崩塌岩块侧向压力值大小，计算时应考虑当时地震力、风力、爆破力、地面水和地下水冲刷力以及冰冻力等的影响。依该值评价崩坡稳定性及发生崩塌产生的破坏力，并为加固治理设计提供计算依据。

四、地面沉降的灾情评估

（一）地面沉降等级划分

地面沉降调查应查明沉降的位置、范围及面积，沉降量，沉降区的环境水文地质条件，沉降原因以及发展趋势。依据沉降面积、累计沉降量对地面沉降进行等级划分。

（二）地面沉降的灾情评估

地面沉降的危害是多方面的，包括：①损失地面标高，造成雨季地表积水，防洪能力下降；②沿海城市低地面积扩大，海堤高度下降，海水倒灌；③海港建筑物破坏，装卸能力降低；④地面运输线、地下管线扭曲断裂；⑤城市建筑物基础下沉脱空开裂；⑥桥梁净空减小，影响通航；⑦深井井管上升，井台破坏，供水排水系统失效；⑧农田低洼地区洪涝积水，农作物减产。

地面沉降的预测评价可采用统计模型、土水模型、生命旋回模型等。

（1）统计模型：大量开采地下水引起地下水位持续下降，进而引起隔水层失水固结是地面沉降的根本原因，通过统计方法建立开采量 Q 或含水层水位 h 与地面沉降量 s（mm）之间的统计关系。该方法简单明了，但其带有人为性，难以了解其沉降机制。

（2）土水模型：包括水位预测模型、土力学模型两部分，可利用相关法、解析法和数值法等进行地下水位预测分析；土力学模型包括含水层弹性计算模型、黏性土层最终沉降量模型、太沙基固结模型、流变固结模型、比奥固结理论模型、弹塑性固结模型、回归计算模型及半理论半经验模型（如单位变形量法等）和最优化计算方法等。

（3）生命旋回模型：该模型直接由沉降量与时间的相关关系构成，如泊松旋回模型、Verhulst 生物模型和灰色预测模型等。

地面沉降预测中有代表性的成果有美国的 COMPAC 软件，包括沉降预测模型、水位模型、优化调节模型、反馈计算模型。

五、地面塌陷评价要点及方法

地面塌陷调查包括调查、工程地质测绘、勘探和监测四个阶段。

（一）地面塌陷调查要点

（1）广泛收集资料。要广泛收集遥感资料、地形地貌资料、地质资料、气象水文资料及人类经济活动资料等。

（2）地形地貌。查明调查区所属地貌单元，划分地貌类型，掌握新构造运动的地貌表现；对岩溶地貌，要划分岩溶发育阶段，在岩溶水补给区要注重调查干谷、盲谷、漏斗、落水洞、溶蚀洼地、陷落柱分布位置和排列方式（星散状还是线状）等溶洞或地下河存在的标志；在径流区岩溶水呈脉状管流，注重查明明暗流交替、层状溶洞与河流阶地的对比、高角度大断裂与非可溶性岩石的位置（隔水层），分析深溶洞存在的可能性；在排泄区，岩溶水呈网流状态，具有统一水位，注重查明岩溶泉（尤其是大泉）、出水洞的位置和分布，追索入水洞。

（3）第四系地质情况。查明第四纪地层、岩性、厚度、分布情况，分析土洞存在的可能性、规模和分布情况。

（4）基岩地质情况。查明地层的时代、岩性组合、接触关系、厚度、分布范围，要特别注意可溶性岩层与围岩的关系。如华北地台奥陶系马家沟组石灰岩与石炭系为假整合接触关系，其间缺失志留系、泥盆系和下石炭统，长时间的沉积间断，使马家沟组石灰岩必然存在古岩溶；此外，本溪组为含煤地层，有机矿床形成于还原环境，必然有硫化矿物相伴生（如黄铁矿），硫化矿物遇氧生成硫酸，这就加速了马家沟组石灰岩岩溶的发育。一私人矿主在石门寨钻探找煤，一钻下去钻到了马家沟组承压岩溶水，岩溶水从钻孔口的喷高达40m，只好封井。

还要查明地质构造与区域地质构造的关系，特别要注意断裂构造和节理裂隙的发育程度，划分出新断裂、老断裂、活断裂及其与地下水的关系（阻水断裂、导水断裂、富水断裂）。

（5）水文地质情况。查明地下水的储量、开采量、补给量，地下水补径排的方式和途径，有无降落漏斗，降落漏斗是孤立、分散还是统一的等。

（6）气象水文情况。掌握多年平均降雨量、最大降雨量、暴雨及降雨季节、勘查区沟谷最大流量、气温等信息。查明地表水入渗情况、产流条件、径流强度、冲刷作用，以及地表水的流通、灌溉、水库水位及其升降、不同季节地表水与地下水的水力联系情况。

（7）人类经济活动情况。包括城市、村镇、乡村、经济开发区、工矿区、自然保护区的经济发展规模、趋势及其与地面塌陷的关系。

（8）查明地面塌陷历史，计算塌陷平均密度，划分危险区。地面塌陷平均密度以每10年每平方千米地面塌陷的处数来计算，可将塌陷危险区划分为重度危险区、中度危险区、轻度危险区、基本无塌陷区。

（二）工程地质测绘要点

（1）地形地貌测绘。测绘比例尺为1：1万～1：5000，根据需要可更大。

宏观地形地貌包括河流、分水岭、台地、阶地、溶蚀洼地、地表岩溶湖、地下岩溶湖等位置、界线；微观地形地貌包括溶沟、漏斗、落水洞、入水洞、出水洞、穿山洞、陷落柱、塌陷坑、岩溶泉等。

（2）工程地质结构特征测绘。松散堆积物按工程地质分类分层测绘辅以形成时代，基岩分可溶性岩石和非可溶性岩石（隔水层岩石）分层测绘辅以形成时代；重要断裂采用追索法测绘，统计节理、裂隙、溶孔、溶隙，提交岩性工程地质图。

（3）水文地质测绘。按有关规范执行，提交第四系水文地质图、基岩水文地质图、地下水等水位线图和岩溶水径流图。

（4）人类工程活动测绘。地表工程包括建筑物、道路、桥梁等；地下工程包括隧道、地铁、煤气管线、给排水管线、人防工程、地下商场、窑洞等。

（5）测绘路线。除重要断裂采用追索法外，其他则采用穿越法。

六、地裂缝危害性评估

（一）破坏损失调查与统计

（1）主要是调查地裂缝造成的直接经济损失，应做到及时、准确地调查，并全面调查地面建筑、地下建筑、道路等的破坏损失。

（2）调查事项包括受灾建筑物地理坐标、地点、所有单位、致灾地裂缝编号、名称、破坏程度评述、直接经济损失估算、间接经济损失评述、调查人、调查时间，以表格的形式表示。

（3）破坏损失统计。调查统计受灾害建筑物数量，包括地面建筑〔分楼房（幢）、平房（座）、车间（座）、围墙（堵）、地下建筑（分管道、人防工事）〕和道路。调查统计受灾建筑物破坏程度，分建筑物类型、破坏程度（严重、中等、轻微）。统计地裂缝造成的直接经济损失（万元）。

（二）地裂缝场地的工程地质评价

1.地裂缝危害的主要特点

（1）地裂缝危害的直接性。横跨主地裂缝上的建筑物，无论新旧、材料强度大小、基础与上部结构类型如何，都会无一幸免地遭受破坏。地下管道工程只要是直埋式且经过地裂缝带，在地裂缝活动初期，不管是什么材料，也不管断面尺寸大小，都会很快遭到拉断或剪断。

（2）地裂缝灾害的三维破坏性。地裂缝对建筑的破坏具有三维破坏特征，以垂直差异沉降和水平拉张破坏为主，兼有走向上的扭动。地裂缝的三维破坏性是造成建筑物不可抗拒破坏的重要因素。因此，一般的结构加固措施均无法抗拒地裂缝的破坏作用。

（3）地裂缝破坏的三维空间有限性。地裂缝的破坏作用主要限于地裂缝带范围，它对远离地裂缝带的建筑物不具辐射作用，在地裂缝带范围内的灾害效应具有三维空间效应。横向上，主裂缝破坏最为严重，向两侧逐渐减弱，上盘灾害重于下盘。在垂直方向上，地裂缝灾害效应自地表向下宽度最大，路面及基础次之，人防工程破坏宽度最小。地裂缝强活动段上，建筑物均遭到严重破坏；中等活动段，建筑部分遭到破坏，且破坏程度较轻，破坏宽度较小；弱活动段或隐伏段，建筑物受破坏较小；斜列区或汇而不交地段，地裂缝破坏宽度大且破坏形式复杂。

（4）地裂缝成灾过程的渐进性。成灾过程的渐进性包括三个方面的含义。其一，是指单条地裂缝带，地裂缝由隐伏期到初始破裂期，遵循萌生→生长→强活动→扩展的发育过程，不断向两端扩展，因此，建筑物的破坏不是整条带上的同时破坏。其二，对于一座建筑物的破坏也是逐渐加重的。最初的破坏表现为主地裂缝的沉降和张裂，且仅限于建筑物的基础和下部，之后向上部发展，最终形成贯穿整个建筑物的裂缝或斜列式的破坏带。其三，各条地裂缝并非同时发展，而是有先有后。

2.地裂缝成灾机理

地裂缝长期观测资料表明，其活动具有长期蠕动和单向位移累加的特征，这种蠕变不产生动力作用，但是等效于静力作用下的变形。尽管活动速率不太大，但由于下部断层长期活动最终导致地表土层破裂，并通过应力传递、集中、释放等活动方式，对土体、地下工程和地表建筑施加拉张应力和剪切应力，破裂一经开始，建筑物的自重力将与构造应力联合作用，导致建筑物变形和破坏而酿成灾害。建筑物无法抗拒这种破坏，同时上部建筑自重的附加应力和地震力联合作用，会使地裂缝破坏加重。

3.地裂缝场地的工程地质特点

地裂缝场地是指地裂缝带及其相邻地段作为建筑物地基和城市各类工程设施利用的土地空间，具有以下工程地质特点。

（1）地裂缝场地工程地质指标发生变异。土的孔隙比、湿陷系数、压缩系数、孔隙度增大，土的含水量、液限、塑限、塑性指数降低，且地裂缝上盘变异带的宽度大于下盘。

（2）地裂缝场地土体动参数发生变异。土体波速变低，阻尼比增高。

（3）地裂缝场地土体渗透性显著增加，其中主裂缝带增加最明显。

（4）地裂缝场地土体的物理化学性质发生变异。经甚低频电磁仪等测试，测量指标在地裂缝带有明显异常显示。

（5）地裂缝场地发生人工地震异常波谱效应。沿地裂缝带瞬时振幅明显减弱、断错或上下错动。

（三）地裂缝评价

在弄清了地裂缝的成灾特点以后，就可以对地裂缝场地进行正确的工程地质评价，从而达到既减轻地裂缝灾害的损失又能合理地利用地裂缝场地的目标。

1.评价原则

研究表明，地裂缝受控于现今地壳活动和构造破裂系统，其活动强度又受开采地下水活动的影响，所以地裂缝场地工程地质条件的优劣受多种因素的制约，对其评价应遵循下列原则。

（1）地裂缝场地评价应紧密结合土地利用，以不同工程种类为对象，以工程与地裂缝配置关系为前提，做到合理利用地裂缝场地。

（2）场地地裂缝危害评价，既着眼于直接危害，又考虑间接危害；既重视现今，又重视未来；既重视地表土体，又考虑地下；既重视静态效应，又重视动态效应。

（3）坚持宏观与微观、定性与定量相结合的原则。

（4）地裂缝场地工程地质条件是一个由多因子构成的地质环境系统，采用综合评价方法。

2.评价内容

在上述原则的指导下，选择以下主要评价内容。

（1）地裂缝的空间展布特征、成因类型和规模。

（2）地裂缝活动特点及其时空规律性。

（3）地裂缝场地土体结构及其力学特征。

（4）地裂缝与活动断层的双重构造作用。

（5）地裂缝灾害的作用强度特点及其规律。

（6）地裂缝与开采地下水产生的附加作用的关系。

（7）地裂缝场地不同类型建筑工程的适应性。

第三节 地质灾害防治

一、中国地质灾害的分布发育

（一）地质灾害易发区

依据地形地貌、岩土体类型及性质、地质构造以及地下水特征与开采状况等地质灾害形成的地质环境条件和人为活动因素，把全国分成崩塌滑坡高易发区、中易发区、低易发区；泥石流高易发区、中易发区、低易发区；地面塌陷高易发区、中易发区、低易发区；地面沉降和地裂缝高易发区、中易发区、低易发区。

（二）地质灾害重点防治区

依据全国地质灾害易发区分布，考虑社会经济重要性因素，把规划期内地质灾害易发、人口密集、经济相对发达、有重要基础设施或涉及国家安全的地区，以及国民经济发展的重要规划区，作为地质灾害重点防治区，共有 16 个。

1. 长江三峡库区滑坡重点防治区

该区位于我国中南部的长江三峡地区，区内以中山地貌为主，坡陡谷深，年平均降雨量为 1200 ～ 1800mm，地质灾害呈点多、面广、危害大的特点。此外，受多种人为不合理工程活动的影响，地质灾害又具有带状和相对集中于城镇等人口密集区的分布特点。长江三峡库区是滑坡高易发区。

该区具有一定规模、影响库岸稳定和城镇安全的地质灾害点有 2100 余处，重庆市的丰都、万州、云阳、奉节、巫山和湖北省的巴东、秭归等县（市）以及区内的 210 国道、212 国道、319 国道、318 国道等主要交通干线的安全受到地质灾害的威胁。

2. 川滇南北构造带泥石流滑坡崩塌重点防治区

该区位于四川省西南部和云南省北部，是全国大型水利水电工程集中开发区，范围包括大渡河中下游、岷江流域、安宁河流域，雅砻江下游及黑水河上游、东川和小江流域。该区地质构造复杂，地势十分陡峭，松散碎屑物质极其丰富，生态环境十分脆弱，降雨量大，具备泥石流活动最为有利的地形和物质条件，泥石流、滑坡活动均较强烈，是泥石流、滑坡、崩塌高易发区。

区内防治重点是重要水利水电工程区、城镇、交通干线两侧的泥石流、滑坡、崩塌灾害。

3. 鄂西湘西中低山滑坡崩塌重点防治区

该区位于我国湖北省和湖南省的西部。该区地貌形态多样，以中低山为主，地质条件复杂，降雨丰沛，是滑坡、崩塌高易发区。

该区防治重点是交通干线两侧、重要基础设施区和人口集中居住区的滑坡、崩塌灾害。

4. 湘中南岩溶丘陵盆地地面塌陷滑坡重点防治区

该区位于湖南省张家界、新化、冷水江、涟源、娄底、湘潭、常宁、郴州、临武等县（市），是全国重要的旅游区和矿业基地。该区地处云贵高原向江南丘陵过渡地带，降水量时空分布不均，变化梯度大，是地面塌陷和滑坡高、中易发区。

该区防治重点是旅游区和矿业城市的地面塌陷、滑坡、崩塌灾害。

5. 云贵高原滑坡崩塌地面塌陷重点防治区

该区位于我国四川省东部，重庆市东北和东南地区、云南省东部、贵州省东北部。

该区地貌主要为高原山地、丘陵和盆地三种基本类型，在高原山地和丘陵地带，山高、谷深、坡陡易产生滑坡、崩塌；在盆地区，由于碳酸盐岩广布，岩溶的强烈发育，易引发地面塌陷和地裂缝等地质灾害。该区是滑坡、崩塌和地面塌陷高易发区。

该区防治重点是城市和矿山地区的地面塌陷、滑坡、崩塌灾害。

6. 滇西横断山高山峡谷泥石流滑坡重点防治区

该区位于云南省西部。该区地貌以高山、中山为主，怒江、澜沧江、金沙江等奔腾于群山之中，地形切割强烈，活动断裂密集，降雨充沛，是泥石流、滑坡高易发区。泥石流、滑坡主要分布于怒江、澜沧江、金沙江河谷及其支流沿岸，威胁两岸基础设施、居民点的安全。

该区防治重点是重要水利水电工程区、居民点、交通干线两侧的泥石流、滑坡灾害。

7. 桂北桂西岩溶山地丘陵崩塌地面塌陷重点防治区

该区位于广西壮族自治区，范围包括桂林市、百色市、河池市等地区。该区主要是峰林平原、丘陵盆地，地形切割较强，降水量丰富，是崩塌和地面塌陷高易发区。

该区防治重点是能源基地和大型水利水电工程区的崩塌、滑坡、地面沉降灾害。

8. 浙闽赣丘陵山地群发性滑坡重点防治区

该区位于华东地区，包括浙江、福建和江西省丘陵地区。该区以构造侵蚀中低山为主，山高坡陡，地形地貌复杂，受台风影响明显，多年平均降水量在1800 ～ 2200mm之间，是滑坡高、中易发区。

该区防治重点是浙闽赣丘陵地区的群发性滑坡、崩塌灾害。

9. 陕北晋西黄土滑坡崩塌重点防治区

该区位于陕西省和山西省北部,是国家重要能源基地。该区在地貌上为黄土丘陵区,属黄土高原的一部分。黄土盖层厚,沟谷切割深,是滑坡、崩塌高易发区。

该区防治重点是居民区和矿区的黄土滑坡、崩塌灾害。

10. 黄土高原西南滑坡泥石流重点防治区

该区位于我国中、西部,范围主要包括陕西省宝鸡、咸阳、西安、铜川和甘肃省的兰州、天水等地区。

该区为黄土高原西南缘,以垄、岗、梁、峁地貌类型为主,新构造运动活跃,黄土节理发育,是黄土滑坡、泥石流高易发区。

该区防治重点是重要城市、交通干线两侧和居民居住区的黄土滑坡、崩塌、泥石流灾害以及西安等城市的地面沉降和地裂缝灾害。

11. 陇南陕南秦巴山地泥石流滑坡重点防治区

该区位于我国中西部,范围包括陕西省南部和甘肃省南部。该区山高谷深、地形起伏大、山体岩石破碎、斜坡稳定性差,是泥石流、滑坡高易发区。

该区防治重点是交通干线两侧、城镇和农村地区的泥石流及滑坡灾害。

12. 新疆伊犁滑坡泥石流重点防治区

该区位于新疆维吾尔自治区西部,包括伊宁市和伊宁、霍城、特克斯、巩留、尼勒克等县,以及察布查尔锡伯自治县。该区 70% 以上为山地,地势起伏不平,是滑坡、泥石流中易发区。

该区防治重点是公路和转场牧道两侧以及农牧民居住区的滑坡、泥石流灾害。

13. 珠江三角洲地面沉降地面塌陷重点防治区

该区位于广东省,范围包括珠江三角洲的广州、深圳、江门、惠州等市区和四会、高要等县(市)。该区地势低洼,地表是淤泥类软土和砂性土,深部普遍分布承压含水层,是地面沉降、地面塌陷高、中易发区。

该区防治重点是河口三角洲地面沉降和深圳等地的地面塌陷灾害。

14. 长江三角洲地面沉降重点防治区

该区位于长江三角洲,范围包括上海、苏锡常(苏州、无锡、常州)、杭嘉湖(杭州、嘉兴、湖州)等地区。该区地表主要为细、粉砂及淤泥质黏土、砂质黏土等，承压含水层分布广泛，是地面沉降高易发区。目前，苏锡常、杭嘉湖及上海市累积沉降超过 200mm 的面积近 1 万平方千米，并在区域上有连成一片的趋势。严重威胁该区国家重大基础工程设施和城市生命线工程安全。

该区防治重点是上海、苏锡常、杭嘉湖地区的地面沉降和地裂缝灾害。

15. 华北平原地面沉降重点防治区

该区位于我国华北地区，范围包括北京市、天津市、河北省沧州市及山东省德州市等城市和农业区。该区地势平坦，发育巨厚的黏性土和砂性土，是地面沉降高易发区。

该区防治重点是北京、天津和沧州等地区的地面沉降与地裂缝灾害。

16. 东北中俄界河河岸崩塌重点防治区

该区位于我国东北部边界，范围包括中俄界河——黑龙江、乌苏里江界河段，我国一侧总长 2379km。该区有 98 处总长 454km 的江段河岸崩塌灾害严重。

该区防治重点是黑龙江、乌苏里江河岸崩塌灾害。

二、群测群防——中国特色的防灾减灾道路

特殊的自然条件，使我国成为世界上受地质灾害威胁人口最多的国家之一。在经济技术条件有限的情况下，寻找一条最有效的防灾减灾之路，是一代代地质灾害防治工作者的不懈追求。因而群测群防就成为理性的选择。

群测群防的成功，说明地灾防治不仅是一项技术性工作，更是一项社会性工作，只有防灾减灾意识深入民心，在全社会形成未雨绸缪、防灾减灾的氛围，地质灾害防治工作才算做到位。但要实现群测群防，让防灾减灾知识走进千家万户，让防灾减灾意识深入民心，任务还很艰巨！群测群防是我国目前最有效的防灾减灾手段，是中国地质灾害防治的一大特色，而在其中起关键作用的是基层的群测群防员。

（一）群测群防简介

地质灾害群测群防工作，是地质灾害易发区内广大人民群众和地质灾害防治管理人员直接参与地质灾害点的监测和预防，及时捕捉地质灾害前兆、灾体变形、活动信息，迅速发现险情，及时预警自救，减少人员伤亡和经济损失的一种防灾减灾手段。

群测群防的主要做法是，汛期前根据地质灾害隐患点的变形趋势，确定地质灾害监测点，落实监测点的防灾预案，发放防灾明白卡和避险明白卡。同时，县、乡、村层层签订地质灾害防治责任状，从县、乡政府的管理责任人一直落实到村（组）和具体监测责任人，从而形成了一级抓一级、层层抓落实的管理格局。

通过这种责任制形式，明确了隐患点的具体责任人和监测人，以保证各隐患点的变形特征能及时被捕捉，有效地指导了当地政府和受威胁群众防灾避灾工作。

群测群防的主要任务如下。

（1）查明地质灾害发育状况、分布规律及危害程度，确定纳入监测巡查范围的地质灾害隐患点（区），编制监测巡查方案。

（2）明确地质灾害防灾责任，建立防灾责任制。

（3）确定群众监测员，开展监测知识及相关防灾知识培训。

（4）编制年度地质灾害防治方案和隐患点（区）防灾预案，发放地质灾害防灾工作明白卡和避险明白卡，建立各项防灾制度。

（5）通过实时监测和宏观巡查，掌握地质灾害隐患点（区）的变形情况，在出现灾害前兆时，进行临灾预报和预警。

（6）建立辖区内地质灾害隐患点排查档案、隐患点监测原始资料档案及隐患区宏观巡查档案，并及时更新。

（7）组织实施县级突发地质灾害应急预案。

（二）地质灾害群测群防体系构成与职责

地质灾害群测群防体系由县、乡、村三级监测网络和监测点构成。以单个地质灾害隐患点为监测预警基本单元，按照县、乡、村三个层次，对地质灾害群测群防实施分层管理、上下互动。

1. 县级

县级人民政府成立地质灾害防治领导小组，分管县长任总指挥长，国土资源局局长任常务副指挥长，国土资源局指派业务干部任办公室主任负责日常工作。领导小组成员应当包括建设、水利、交通、气象等相关部门有关负责人。

县级人民政府负责本辖区内群测群防体系的统一领导，组织开展防灾演习、应急处置和抢险救灾等工作，负责统筹安排辖区内群测群防体系运行经费。县级国土资源主管部门具体负责全县群测群防体系的业务指导和日常管理工作，组织辖区内地质灾害汛前排查、汛中检查、汛后核查，宣传培训，指导乡、村开展日常监测巡查及简易应急处置工作，负责组织专业人员对下级上报的险情进行核实，负责组织指导辖区内群测群防年度工作总结。

2. 乡级

成立地质灾害监测组，由分管乡长任组长，国土资源管理所所长任常务副组长并负责日常工作。

在县级人民政府及其相关部门的统一组织领导下，乡级人民政府具体承担本辖区内隐患区的宏观巡查，督促村级监测组开展隐患点的日常监测。协助上级主管部门开展汛前排查、汛中检查、汛后核查，应急处置，抢险救灾、宣传培训，防灾演习。做好本辖区内群测群防有关资料汇总、上报工作，完成辖区内群测群防年度工作总结。

3. 村级

位于地质灾害隐患区的村或有隐患点的村成立监测组，由村主任任监测责任人，并选定灾害点附近的居民作为监测人。

监测人参与本村地域内隐患区的宏观巡查，负责地质灾害隐患点的日常监测并做好记录。一旦发现危险情况，及时报告，并配合各级政府部门做好自救、互救工作。配合上级有关部门完成辖区内群测群防年度工作总结。

（三）工作阶段划分

地质灾害群测群防工作可划分为六个阶段，具体体现为"六个自我"，即"自我识别、自我监测、自我预报、自我防范、自我应急和自我救治"，突出强调应实现防灾减灾的实时性，避免贻误减灾战机，努力把灾害损失降到最低。

1. 自我识别

采用编制科普教材、挂图、音像制品，办防灾减灾知识培训班、辅导站和开展广播电视宣传教育等，引导公民自觉认识自己的生存环境，不断提高识别地质灾害隐患的能力，以便通过巡回检查及时发现险情。组织村主任和村民讨论滑坡、泥石流的灾害形态、发生情景、危险雨量判断与正确撤离路线，进而将话题延伸到爱护林草水土、土地限制利用和经常性的斜坡维护等方面。

2. 自我监测

落实县、乡、村基层群众组织的防灾责任人，确定监测方法与要求，如配发简易雨量筒、木桩、砂浆贴片和固定标尺等，人工巡视滑坡体内的微地貌、地表植物和建筑物标志的各种细微变化。以定期巡查测量和汛期强化监测相结合的方式进行。以纸介质记录监测数据并注意灾害发展趋势，必要时按程序逐级报告。

在重大的地质灾害危险区应建立警示牌，并简要说明灾害类型、发生条件、威胁范围和避让方法。

3. 自我预报

要使用尽可能简单、易于理解、易于接受的语言或方式发布预警，包括书面报告或通知、无线电通信、电视、手机短信、广播系统、信号旗、扬声器、警报器和通讯员等。对泥石流可采用注意、警戒和警报三级。例如，以累积降雨量或日降雨量为预警判据，像我国东南丘陵区日降雨量 50 ~ 60mm 为注意级，60 ~ 130mm 为警戒级，达到 130mm 为警报级，当日累积降雨量小于 25mm 时则解除警报。

注意同一流域或同一区域的呼应联动，及时了解或吸收相邻监测预警点的动态。

4. 自我防范

无论是农村社区还是城镇社区，自我防范首要的是注意训练社区居民防灾的警觉性、应变能力和心理素质。提醒出入山坡地警戒区的居民及游客，留心周围环境的异常现象及天气变化，注意保障自身安全。

对有危险、危害性的地质灾害点进行监测和重点预防，划定地质灾害危险区，确定危险点的监测预防责任人、预警信号与等级、人员和财产转移路线。危险区的划定主要考虑地质灾害体的规模、特点和危害对象及历史灾情等。一般在专业技术人员指导下具体确定危岩崩塌、滑坡、泥石流和地面塌陷（地裂缝）灾害的危险区，并根据具体情况及时调整。

5. 自我应急

当发现重大险情时，除立即上报上一级政府主管部门外，县、乡、村有关责任人应立即进行防灾应急的组织准备和物质准备。组织准备包括成立工作机构（领导小组及监测预警组、抢险救灾组、治安组、安置组、医疗救护组等），组织动员居民保持高度警觉，按照确定的避灾路线进行疏散等。物质准备包括集体大宗物资和家庭防灾应变包，应变包一般内装通信设备、医疗用品、随身衣物、贵重物品、照明设备、逃生用品（绳索、刀具）和方便食品等。

6. 自我救治

一旦发生地质灾害，县、乡、村三级机构应临危不乱，沉着应对，一方面应立即报告上一级政府，申请人力、物力和财力方面的紧急救助和支持；另一方面要积极自觉地进行抗灾救灾，充分认识这是减少财产损失尤其是人员伤亡的关键因素和宝贵时机。自我救治要把握以下几点。

（1）自觉组织对失踪人员的搜救工作，妥善安置遇难人员并对其亲属进行安抚。

（2）对受伤人员组织救治，使其尽快康复。

（3）及时组织转移疏散有可能受威胁的人员。

（4）加强监测预警，保证抢险救灾人员的安全。

（5）安排好灾民的衣、食、住、行，组织群众开展生产自救，制订方案，积极筹划家园重建工作，确保灾区社会稳定。

（四）技术支撑

1. 地质调查

地质灾害调查与区划是开展地质灾害群测群防的工作基础。调查工作"以人为本"，查明对城镇、厂矿、村组（分散居民点、短期居住地）、重要交通干线、重要工程设施具有潜在威胁的地质灾害隐患点的分布及其与危害对象的空间位置关系。

地质灾害隐患点主要是指威胁人民生命、财产和重要工程设施安全，可能发生滑坡、崩塌、泥石流、地面塌陷和地裂缝甚至严重地面沉降的地点或地段，目前可能是以老滑坡、危岩体、变形斜坡、松散堆积体、地下空洞、厚层软弱土体或快速下降的地下水降落漏斗区等形式存在。

地质灾害调查与区划一般由专业地质调查研究队伍完成。

2. 地质灾害气象预报

国家、省及有条件的县（市）在汛期开展的地质灾害气象预警预报工作，可以指导地方政府的防灾减灾工作，提高地质灾害群测群防工作的针对性和持续性。鉴于目前局地气象预报准确率和地质环境调查评价研究水平均较低，应特别鼓励地质灾害群测群防人员注意观测总结本地爆发崩塌、滑坡、泥石流灾害的降雨量经验值，逐渐形成本区域灾害发生的临界过程降雨量、日降雨量和降雨强度判据，从而减少盲目性或"预警过度"现象。

3. 培训指导

国家与省级政府职能部门应定期组织对群测群防工作人员进行地质灾害防治知识培训，重点进行灾害识别、监测方法、预案编制和应急处置等方面的培训，使受训人员有能力对地质灾害多发区的公民进行防灾减灾知识的宣传，填写防灾"明白卡"，强化防灾应变意识，快速选择最有效的避灾方法等，并推动不同地区的经验交流。积极推行防灾志愿者制度，及时培训防灾监测员，在小学选拔小小解说员，适时进行野外现场讲解。经常举办防灾科技成果展、汛期"宣讲"车流动工作，进行 3D 动画和实地防灾避难路线演习。通过上述工作，使公众社会经常保持减灾意识的高水平。

参 考 文 献

[1]陶涛，信昆仑，颜合想.水文学与水文地质[M].上海：同济大学出版社，2017.

[2]张人权，梁杏，靳孟贵等.水文地质学基础（第7版）[M].北京：地质出版社，2018.

[3] 孙瑞刚 . 矿山水文地质研究 [M]. 延吉：延边大学出版社，2016.

[4]吉龙江，王标，赵红芬.矿山水文地质研究[M].长春：吉林科学技术出版社，2020.

[5] 永田俊，宫岛，利宏；余辉，徐军，牛远，等译 . 流域环境评价与稳定同位素 [M]. 北京：中国环境出版集团，2018.

[6] 谢先军 . 环境同位素原理与应用 [M]. 北京：科学出版社，2019.

[7]马锁柱，李玲玲.地质灾害调查与评价[M].郑州：黄河水利出版社，2018.

[8] 中国地质灾害防治工程行业协会 . 地质灾害灾情调查评估指南（试行）[M].武汉：中国地质大学出版社，2018.